广联达工程造价软件应用丛书

广联达 GFY2012 钢筋翻样软件应用问答

富 强 主编

U0249861

中国建筑工业出版社

图书在版编目（CIP）数据

广联达 GFY2012 钢筋翻样软件应用问答/富强主编. —北京：中国建筑工业出版社，2014.11
（广联达工程造价软件应用丛书）
ISBN 978-7-112-17320-4

Ⅰ.①广… Ⅱ.①富… Ⅲ.①建筑工程-钢筋-工程
计算-应用软件-问题解答 Ⅳ.①TU723.3-39

中国版本图书馆 CIP 数据核字（2014）第 226548 号

本书是广联达工程造价软件应用丛书之一。全书总结、整理了广联达钢筋翻样软件 GFY2012 应用与提高过程中 600 余个经典问题和解决方法，对钢筋翻样软件给予清晰全面的解析和释疑。在本套丛书陆续编写出版过程中，对广大造价工作人员、高等院校建筑专业师生最为关心的问题给予详尽解决方式的同时，继续延续了本丛书的阶梯性、实用性和全面性。

* * *

责任编辑：刘瑞霞
责任设计：张 虹
责任校对：李欣慰 刘梦然

广联达工程造价软件应用丛书
广联达 GFY2012 钢筋翻样软件应用问答
富 强 主编

*

中国建筑工业出版社出版、发行（北京西郊百万庄）
各地新华书店、建筑书店经销
霸州市顺浩图文科技发展有限公司制版
北京市安泰印刷厂印刷

*

开本：787×1092 毫米 1/16 印张：15¾ 字数：392 千字
2015 年 2 月第一版 2015 年 2 月第一次印刷
定价：48.00 元
ISBN 978-7-112-17320-4
（26104）

本书编委会

主　　审：吴佐民

主　　编：富　强　只　飞

副 主 编：朴　龙　赵小梁　马镱心

参编人员：孙燮炯　路　强　陈纪发　蒋亚军

　　　　　钱　鹏

序　一

最近，我收到了华春建设工程项目管理公司王勇董事长和"华春杯"全国广联达算量大赛第五届算量大赛辽宁区总冠军富强先生的邀请，邀请我为其策划的《广联达工程造价软件应用丛书》作序。当时还以为是一本企业宣传的书籍，便放在了案头。几天后，又接到富强先生的电话，带回了家，翻阅了一遍，顾虑释然。原来这是一套介绍算量的工具书，可贵的是编写得具体、精细、准确，尤其针对问题和技巧进行了剖析。因感到作者的勤奋，以及对细节的把握，相对于市面过多的东拼西凑的书籍，我认为非常值得鼓励与推荐，所以令我欣然命笔，答应了作者的请求。

2011年住房和城乡建设部发布了"工程造价行业发展'十二五'规划"。规划提出的战略目标之一是："要构建以工程造价管理法律、法规为制度依据，以工程造价标准规范和工程计价定额为核心内容，以工程造价信息为服务手段的工程造价法律、法规、标准规范、计价定额和信息服务体系"。这说明工程造价信息体系不仅是工程造价管理体系的重要组成部分，也是提高工程造价管理和服务水平的重要手段。

我本人认为：工程造价信息化就是在传统的建设工程造价管理知识的基础上，应用IT技术为工程造价管理，包括以工程造价管理为核心的多目标项目管理、工程造价咨询、承包商的成本管理等提供服务的过程。工程造价信息化管理任务就是通过现代信息技术在工程造价管理领域的应用，提高工程造价管理工作的效率，使工程造价管理工作更趋科学化、标准化，使工程计价更具高效性。工程造价信息服务的内容应包括：工程计量、计价工具软件（包括：服务于业主项目管理的费用控制、工程咨询业工程计价、承包商成本控制）服务，各类工程造价管理软件（如：全过程造价管理软件、具体项目管理软件等）服务，以及各阶段工程计价定额、各类工程计价信息和以往或典型工程数据库等信息服务。希望广大的造价工作者，在以国家法律、法规为执业前提，在满足工程造价管理的国家标准、行业标准具体要求下，充分应用好自身收集和市场服务的大量的工程计价定额及工程计价信息，先进的工程计量与计价工具软件，以及各类管理软件，高效地完成工程的计价和全方位的工程造价管理工作。

富强先生的书不是什么工程造价信息化的理论专著，但就工程计量而言精细、具体，有针对性。其本人能在大赛的众多赛手中拔得头筹自有其过人之处，更可贵的是其善于总结，并能写出来与大家分享，令我欣慰。我真心地希望广大的造价工作者，从点滴做起，在各自的岗位善于总结，并与大家交流与分享，那样的话，我们的工程造价管理的专业基础、行业标准就会很快建设起来，我们第六届理事会提出的"夯实技术基础"就不会空谈。

在此也感谢华春建设工程项目管理公司王勇董事长对本书的策划与支持！也愿广大工程造价专业人员从中获益。

中国建设工程造价管理协会

秘书长：吴佐民

2014 年 6 月

序　二

这几天，在我的案头，堆放着即将出版的《广联达工程造价软件应用丛书》的清样稿。

看着这内容丰富详实，具有实战、实效、实操作用的专业书籍，作为连续三次冠名的华春公司董事长，作为亲身操持了三次大赛的负责人，作为四十多年来长期在建设工程行业摸爬混打的老造价工作者，不免突生太多感慨、感悟和感叹。

不计工本、不辞辛劳连续三年冠名第五届、第六届、第七届广联达"华春杯"全国算量软件应用大赛、造价软件全能擂台赛、安装算量应用大赛，其中付出的精力、花费的财力、投入的人力，都彰显了华春人要"为中国建设工程贡献全部力量"的使命和追求。

倾注热情，奉献关怀，动员、感召、鼓劲、支持包括华春公司员工在内的全国各地一切有志于从事建设工程造价工作者，让他们站在当代科学技术崭新的平台上，学习新知识，操练新技能，从基础和整体上提高工程量计算电算化水平，更显示了华春人胸怀高远、不计私利、为中华复兴而努力的坚定决心。

今天，在三届"华春杯"全国广联达造价大赛成果汇集成册即将付梓出版之际，大赛中，一幕幕充满激情与感动的场面，一张张追求新知识渴望的眼神，仍然常常不经意地浮现在我的眼前，激动着我的心。

我衷心感谢所有为此书奉献了智慧和精力的同行们，我更想和他们一起，把这本书献给一切有志于为中国建设工程造价奉献青春和毕生精力的年轻朋友们，愿这本书能成为你们前进道路上的铺路石。

华春建设工程项目管理有限责任公司

董事长：王�’

2014 年 6 月

序 三

收到第五届算量大赛全国亚军、辽宁赛区总冠军富强先生的邀请为《广联达工程造价软件应用丛书》作序，深感荣幸。通读此套丛书，不禁让我回想起第五届、第六届、第七届"华春杯"全国广联达算量大赛颁奖大会上，一幕幕充满激情与感动的画面。这套沉甸甸的书，是大家通过比赛获得认可和成长的升华，更是这样一群专注于造价行业的精英们智慧和经验的结晶。

这些，与广联达连续六年面向全国造价从业人员每年举办软件应用大赛的宗旨不谋而合——通过为从业人员搭建一个展示软件应用技能的平台，帮助大家提高业务技能和综合素质，从而推动整个行业工程量计算电算化水平的发展进程。不仅如此，广联达自2007年起还针对全国高职高专、高等院校开展一年一度的算量软件应用大赛，促进了高校实践教学的深化，并进一步提升在校学生的软件操作能力。

广联达之所以如此重视造价系列软件（特别是算量软件）的深入应用，源于我们十余年来对建筑行业信息化的研究和积累，无数成功与失败的例子，让我们领悟到行业信息化"以应用为本"的解决之道——唯有将信息化产品和服务真正应用起来，方能提高从业人员的工作效率、帮助业内企业赢得时间和利润。

如今，我们非常高兴地看到来自国内特级总承包施工单位、知名地产公司、造价事务所等单位的一线造价精英们，结合多年的实践经验，为大家呈现这样一套集基础知识、应用技能和实际案例为一体的专业书籍。我们相信，在本套丛书的专业引导下，您将更加熟悉和了解广联达系列造价软件的应用，从而更好地解决在招投标预算、施工过程预算以及完工结算阶段中的算量、提量、对量、组价、计价等业务问题，使广大造价工作者从繁杂的手工算量工作中解放出来，有效提高算量工作效率和精度。

本套丛书付梓之际，全国的各类建设工程项目又将进入新一轮的建设中，我们真心希望本套丛书能够成为您从事算量工作的良师益友，为您解决更多工作中的实际问题。同时，也衷心感谢各位读者对本书以及广联达公司的支持与关注。感谢富强先生和各位作者坚持不懈的努力，谢谢你们！

未来，作为建设工程领域信息化介入程度最深、用户量最多、具备行业独特优势的广联达，将继续秉承"引领建设工程领域信息化服务产业的发展，为推动社会的进步与繁荣做出杰出贡献"的企业使命，依托完整的产品链，围绕建设工程领域的核心业务——工程项目的全生命周期管理，深入拓展行业需求与潜在客户，推动行业整体工程项目管理水平的提升，与广大同仁共同创造和分享中国建设领域的辉煌未来！

广联达软件股份有限公司

总裁：贾晓平

2014 年 6 月

前　言

2011 年 7 月经过全体编写人员 2 年多的辛苦努力，"广联达工程造价软件应用丛书"的第一本《GCL 2008 图形算量软件应用及答疑解惑》终于在中国建筑工业出版社正式出版发行了。在当当网、京东商城、亚马逊、淘宝网、建筑伙伴网（原七星造价网）上本书获得无数好评后，更加坚定了我们努力总结编写一套整体应用水平较高的造价软件学习和使用的工具书的信心和决心。我们夜以继日地总结，将多年的软件应用技巧与实际的大型工程项目中的应用经验相结合，并将典型的问题给予详尽的答疑解惑。

2012 年 8 月在中国建设工程造价协会秘书长吴佐民先生的鼓励下，在第五届"华春杯"全国算量大赛主办单位"华春建设工程项目管理公司"、"广联达股份有限公司"的支持下，本套丛书的第二本《广联达 GBQ4.0 计价软件应用及答疑解惑》和第三本《广联达 GBQ4.0 计价软件热点功能与造价文件汇编》陆续出版。

在本套丛书的出版过程中，由于编写人员全部是历届广联达全国大赛的各地获奖选手和广联达的资深研发和应用人员。所以每本书的编写和出版时间都为广大读者所关注。为了更好地为本套丛书服务，我们将专业交流答疑网站七星造价网升级

为 ★★★ 建筑伙伴网 www.buildparter.com。

建筑伙伴网上齐聚了全国建筑行业的 300 多位专家，为同行们提供实时的在线回答，并可以更准确地向专家提问。能让国内造价同行的精英们相互交流，提高共进。

在本套丛书第一本出版三周年之际，我们感谢全国造价工作同行的支持、鼓励和帮助，我们也继续为提高造价软件应用人员的软件使用水平，不断地提高工作精准度和工作效率，来回答软件应用者所提出的各种问题。我们同时希望这样一个交流共进的平台能成为大家学习、应用、成长的好帮手。

我们诚挚地向所有"华春杯"全国广联达算量大赛的参赛与获奖选手表示感谢。同时在本书的写作过程中，感谢所有对本书的编写提供帮助的同行们、同事们、朋友们，你们辛苦了。随着造价信息化行业中选价软件的不断升级与发展，更新更好的应用方法也将层出不穷，欢迎广大造价工作者提出宝贵意见和建议，专业交流答疑网址：www.build-parter.com，在此感谢建筑伙伴网的大力支持。大赛为我们提供了竞赛、学习、交流、提高的平台，我们谨以此书献给全国所有的造价工作者！

富强

2014 年 6 月　于北京

目　录

广联达 GFY2012 钢筋翻样软件应用问答

目录

目

录

广联达GFY2012钢筋翻样软件应用问答

广联达GFY2012钢筋翻样软件应用问答

目录

第 1 章

工程设置

1. 问：波浪形钢筋的布置范围是什么？

   答：指板的竖方向钢筋，板钢筋是双层双向的，有横方向（白线）钢筋的位置都有层钢筋，但长度不同。

2. 问：一般的别墅楼顶的斜屋顶在软件里怎样设置？

   答：坡屋面板一般都是用三点定义斜板来处理，软件在节点设置里可以设置屋脊处的做法。钢筋布好后看到的是水平在屋顶上的，汇总计算后在钢筋三维里看到的就是随坡屋面方向布置的了。

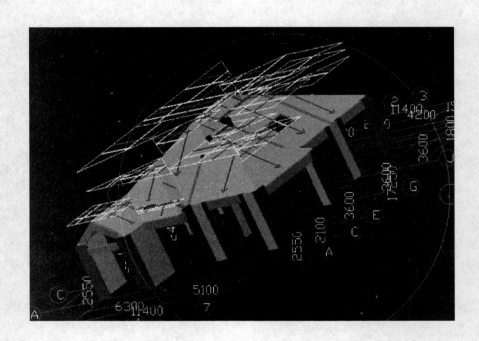

3. 问：怎样用图形算量软件绘制异形挑檐？

   答：斜屋面可以用三点定义斜板或者用坡度定义。挑檐可以在其他构件里新建线式异形挑檐，在多边形编辑器里面画图即可。

4. 问：坡屋顶钢筋怎样布置？

   答：先布钢筋再操作斜板即可。

5. 问：计算的时候出现"请在工程设置的弯钩设置中添加钢筋规格为 C6 的箍筋弯钩长度"是怎么回事？

   答：在工程设置里如下图设置即可。

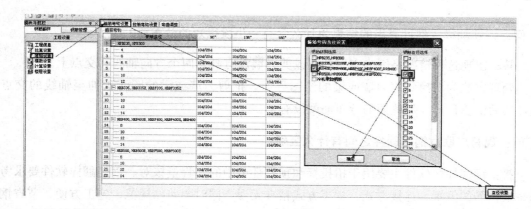

6. 问：钢筋在直锚的时候还需要加 6.25d 的弯钩吗？

答： 6.25d 弯钩是 HPB300 型钢筋（圆钢）端部的弯钩，它不计算在锚固长度里。只要是圆钢端头都需要设置这样的 180°弯钩。

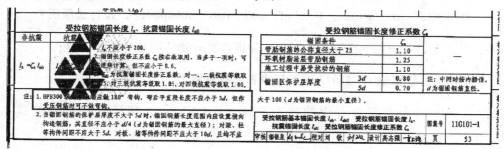

7. 问：连着都是 FT 型楼梯怎样定义？

答： 软件中在单构件里定义、输入楼梯的信息。连着的 FT 型楼梯软件中会重复计算相交的部分分布筋，在定义时可以按图纸规格定义，汇总计算后把多出来的几根分布筋删除即可。

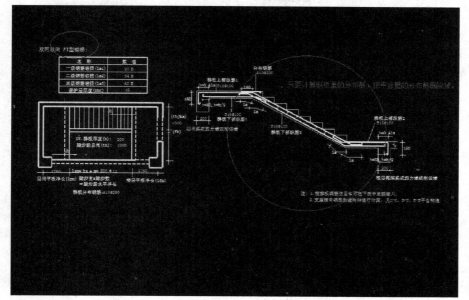

8. 问：钢筋翻样软件计算出的结果为什么会有一小段很短的分布筋？

答：出现这种情况是因为布置的梁或剪力墙没有画到两个方向轴线的交点上。

处理方法为切换到剪力墙或梁的绘图界面，把剪力墙或梁的图元延伸至轴线的交点上，然后汇总计算，那些短的分布筋就没有了。

9. 问：现有广联达钢筋软件之间有什么区别？

答：钢筋抽样软件主要用于招投标和预算环节中的工程量核对。钢筋翻样软件要求考虑每根钢筋的位置、连接方式、加工方式精准无误，同时要兼顾规范、施工方便、节省钢材等多种要求，主要用于指导钢筋采购、下料、施工。

10. 问：在左侧边栏"钢筋加工"按钮一点，就出现报错的对话框提示：本对话框表明系统使用出现问题等等，并且出现一长串英文"Access vilation at address 00900915 in module, Read of add ress 0000000C"，是什么原因？

答：桌面上右击—属性—设置—高级—疑难解答—硬件加速—无—J 即可。

11. 问：广联达钢筋算量 GGJ2013 的钢筋排布怎样查看？

答：GGJ2013 软件是没有钢筋排布功能的，GFY2012 翻样软件有钢筋排布的功能。

使用方法是：汇总计算后，选中要查看单构件图元，然后点击"钢筋排布"按钮即可。

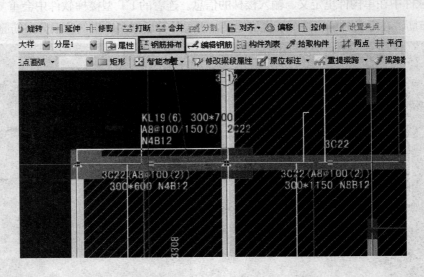

12. 问：钢筋翻样学习版从哪里下载？

答：根据下面截图里的网址下载即可。

广联达GFY2012钢筋翻样软件应用问答

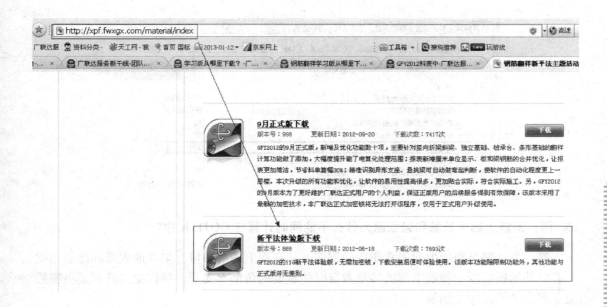

13. 问：软件钢筋料表中有 9m 以上直条钢筋为什么没有搭接？工程设置时是 9m 定尺。

　　答：钢筋翻样软件有时确实会出现这种情况，主要原因是软件在计算时，要考虑接头所在的位置符合规范，还要考虑错开和采用模数，往往在钢筋找不到合适位置断开时，软件就会放弃模数，钢筋就会超长。软件中用红色显示，是提示用户手动去修改。

14. 问：双网双向楼梯配筋直径不同怎样设置？

　　答：如截图所示，软件里完全可以处理。

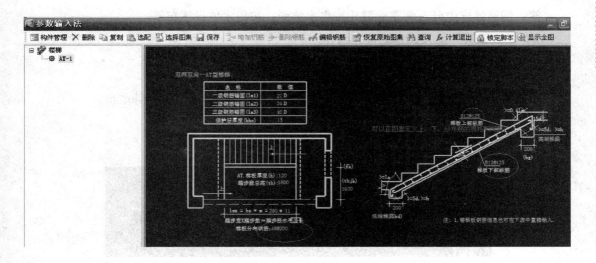

　　翻样软件，可以如下图设置即可。

第
1
章

工
程
设
置

	类型名称	
1	⊟ 公共部分	
2	非框架梁钢筋输出排序	按默认排序
3	纵向钢筋错开距离　　　把100改成15*d	按规范计算
4	弯锚时考虑弯折的层次关系	是
5	弯锚时各排弯折钢筋之间的距离	50
6	纵筋最小弯折长度	100
7	宽高均相等的非框架梁L型、十字相交互为支座	否
8	梁的同一跨内是否允许有多个连接接头	否
9	梁纵筋采用丝扣连接时，端头丝扣做法	端部采用正反丝扣
10		

15. 问：钢筋上部通长筋和架立筋为什么不能同时计算在 GGJ11K 中？

答：架立筋是指梁内起架立作用的钢筋，从字面上理解即可。架立筋主要功能是当梁上部纵筋的根数少于箍筋上部的转角数目时使箍筋的角部有支承。所以架立筋就是将箍筋架立起来的纵向构造钢筋。

架立钢筋与受力钢筋的区别是：架立钢筋是根据构造要求设置，通常直径较细、根数较少；而受力钢筋则是根据受力要求按计算设置，通常直径较粗、根数较多。受压区配有架力钢筋的截面，不属于双筋截面。

现行《混凝土结构设计规范》GB 50010—2010 规定：梁内架立钢筋的直径，当梁的跨度小于 4m 时，不宜小于 8mm；当梁的跨度为 4～6m 时，不宜小于 10mm；当梁的跨度大于 6m 时，不宜小于 12mm。

平法制图规则规定：架立筋注写在括号内，以示与受力筋的区别。

16. 问：钢筋抽样中矸石装车仓漏斗怎样绘制？怎样设置布筋？

答：钢筋抽样中矸石装车仓漏斗按集水坑画，按集水坑设置布筋。

17. 问：钢筋重量、圆柱钢板重量如何计算？

答：$7.85kg/m^2$ 是厚度 1mm 的钢板 $1m^2$ 的重量，单位 kg。
钢筋重量＝0.006165 ＊ 钢筋直径（mm）＊ 钢筋直径（mm），单位 kg/m。

18. 问：图纸中附加上层上排（第二排）指的是哪个位置？

答：布置的方向图纸中已经标注了，括号内是要求布置的这个方向中的第二排处。

19. 问：斜钢筋如何确定实际尺寸和标注尺寸？

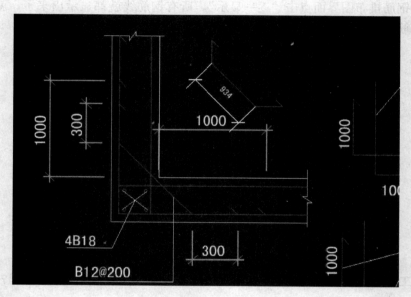

答：两个墙都是 350mm，计算的公式是：（350＋350－20 ＊ 2）＊1.414＝934。这里的 20 是保护层厚度。

20. 问：人防图 BB12910@100/150 （2） 箍筋表示什么意思？

答：人防图 BB12910@100/150 （2）中的 BB129 是箍筋的级别，是没有转换成钢筋级别的符号。应该是 HRB335 型钢筋，软件里用 B 代表，即 B10@100/150 （2）。

21. 问：如何在自定义钢筋图库里给自定义钢筋图形标注尺寸？

答：可以按图纸在自定义图库中编辑相似类型钢筋图样，然后在计算公式中输入钢筋尺寸即可。

级别	图号	图形	计算公式	公式描述	长度(mm)
Φ	1000 2	L2 L3 L5 L7 L9 L8	50+1500+50+50+450+600+50+200+50		3000

22. **问：钢筋计算设置中的导入规则和导出规则是什么意思？**

答：导出规则是按图纸规定或规范规定调整完成后导出规则另存一个，其他工程与这个工程的规定一样的情况下，可以导入规则直接用，而不用一条条地调整。导入与导出就等于把规则另存一个，然后遇到适用的再提用，减少重复性操作。

23. **问：已知筋号，怎样反查钢筋位置呢？**

答：在钢筋排布图界面点击"逐一显示"，所有钢筋线就都显示出来了，就可以根据筋号找到钢筋的位置了。

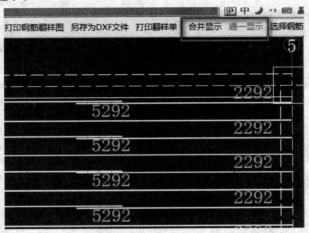

24. **问：某工程有许多大的混凝土井，单层的污水处理厂，能用算量软件算吗？**

答：井基础按筏板输入是可以的。

25. **问：压顶钢筋什么时候能像其他构件一样可以直接编辑钢筋呢？**

答：压顶部位的钢筋，可以按照圈梁布置，也可以在单构件里面输入尺寸，具体情况需要参考图纸的设计要求，压顶部分一般设计比较简单，软件只是一个辅助工具，有些零星的钢筋，手算也可以得出来的。

26. **问：自定义钢筋在软件里怎样编辑？**

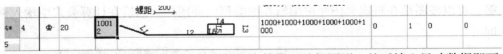

答：自定义钢筋在软件里按照主筋形状，在筋号里选择图形，然后输入尺寸数据即可。

悬赏分：30

浏览数：5

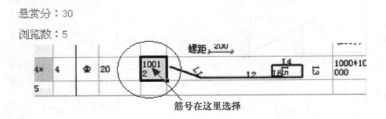

筋号在这里选择

27. 问： 钢筋施工翻样中的修改单面焊焊接长度的方法是什么？

答： 在计算设置里面计算，可以按后面报表有搭接个数换算长度计算差量即可。

28. 问： 在 GFY2012 钢筋翻样软件中，设置了模数，在计算中，计算结果为什么没按照模数设置的要求来计算呢？

答： 软件在计算时，要考虑接头所在的位置符合规范，还要考虑错开和采用模数，往往钢筋找不到合适位置断开，此时，软件会放弃采用模数，钢筋就会超长。软件里红色显示，就是提示用户自己手动去修改。

29. 问： 不同的钢筋搭接不同，怎样才能全部记住，不用查图集呢？

答： 不需要全部记住，只要记住非抗震锚固长度的值即可，然后用非抗震锚固长度值乘以抗震系数和搭接系数，这样会好记一些。

30. 问： 在钢筋施工翻样软件中 3 级钢默认锚固为 $34d$，图纸上是 $37d$，该如何修改？

答： 在构件的图层，选中构件，右键—属性—修改计算设置即可。

31. 问： 风道出屋面做法是什么？

答： 05J5-1 上面有钢筋的节点。

32. 问： 地下室水沟钢筋怎样布置？

答： 地下室水沟一般有防水板，这时防水板可以用筏板定义，矩形的水沟可以用集水坑来处理，有拐弯的不好处理，只能手工在单构件里输入。

33. 问： 下图的钢筋怎样在软件中布置？

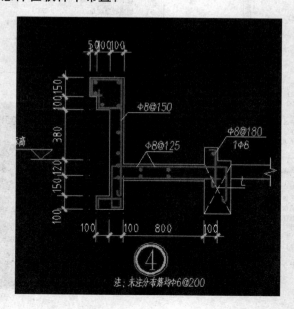

答：截图中的钢筋，可以用自定义异形线来定义，然后把纵向分布钢筋在定义栏中的纵筋栏中输入，按总根数及规格输入，把横向的短筋（包括水平和垂直）在其他钢筋中选择图形并输入钢筋信息，全部输入完成后，画图即可（纵向分布钢筋是按平均长度计算的）。

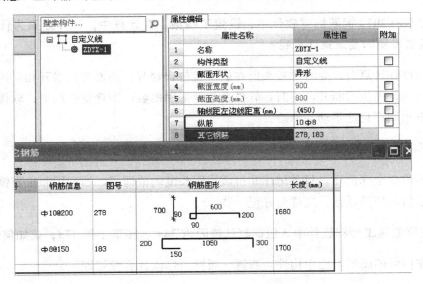

34. 问：电梯井在软件中怎样定义？

答：一般电梯井都是用集水坑定义，设置好坑板的顶标高及放坡角度即可，如下图所示。

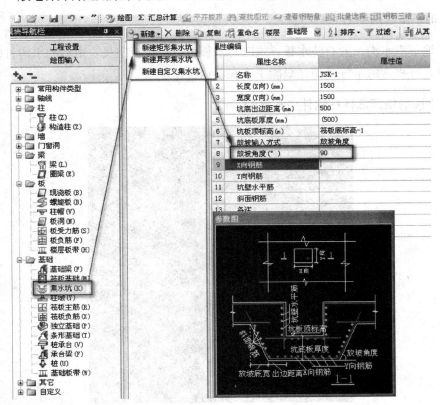

35. 问：三级钢在软件中怎样表示？

答：三级钢在软件中的代表字母是 C。比如三级钢 18 的，就输入 C18 即可。

36. 问：自定义图形如何配筋？

答：纵筋按设计输入，箍筋按其他钢筋。

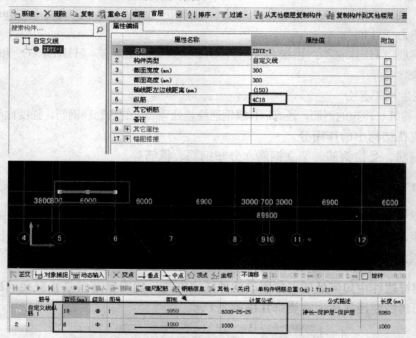

37. 问：软件中主筋的搭接怎样设置？

答：在软件中有多个地方都可以修改搭接：

（1）工程设置里面有计算设置—计算设置和节点设置可以修改；

（2）在每个构件的属性里—其他属性—计算设置、节点设置；

（3）在【编辑钢筋】里面可以去调整它的计算式（但是要基数【锁定】），还可以在【钢筋三维】里面去修改每根钢筋的长度（钢筋三维里面白色的数字都可以修改）。

38. 问：建筑总平面图中标的高程数越大标高越高吗？

答：建筑总平面图中标的高程数是指相对于海平面的标高，数值越大越高。

39. 问：HRB335 钢筋就一定是螺纹钢吗？

答：应该是二级钢筋，二级钢筋里包括了多种类型的钢筋，其中就有螺纹钢。

钢筋常用的分类：钢筋种类很多，通常按化学成分、生产工艺、轧制外形、供应形式、直径大小，以及在结构中的用途进行分类：

（1）按轧制外形分

① 光面钢筋：Ⅰ级钢筋（Q235 钢）均轧制为光面圆形截面，供应形式有盘圆，直径

不大于 10mm，长度为 6～12m。

②带肋钢筋：有螺旋形、人字形和月牙形三种，一般Ⅱ、Ⅲ级钢筋轧制成人字形，Ⅳ级钢筋轧制成螺旋形及月牙形。

③钢线（分低碳钢丝和碳素钢丝两种）及钢绞线。

④冷轧扭钢筋：经冷轧并冷扭成型。

（2）按直径大小分

钢丝（直径 3～5mm）、细钢筋（直径 6～10mm）、粗钢筋（直径大于 22mm）。

（3）按力学性能分

Ⅰ级钢筋（HPB300）、Ⅱ级钢筋（HRB335）、Ⅲ级钢筋（HRB400）和Ⅳ级钢筋（HRB500）。

（4）按生产工艺分

热轧、冷轧、冷拉的钢筋，还有以Ⅳ级钢筋经热处理而成的热处理钢筋，强度比前者更高。

（5）按在结构中的作用分

受压钢筋、受拉钢筋、架立钢筋、分布钢筋、箍筋等。

40. 问：GFY 专业版和项目版有何区别？

答： 钢筋翻样软件 GFY2012 专业版是仅供现场下料，而项目版除包含了专业版的功能，还有现场钢筋管理的功能，即能把现场的尾料怎样合理运用及提供钢筋计划等功能。具体项目版的功能可以到 GFY2012 翻样软件的官方网站了解。

41. 问：翻样软件中如何处理局部更改软件搭接方法，如图钢筋跨规格变径问题，直螺纹无跨径变径接头，需要绑扎搭接吗？

标高(m)	楼层编号	b*h(mm)	全部纵筋
-5.00~0.00	-1	600*600	4C22+8C20
0.00~3.90	1	500*500	12C18
3.90~7.50	2	600*600	4C22+8C20
7.50~25.40	3, 4, 5, 6, 7	500*500	12C18

答： 计算设置里有的，也可以选择电焊搭接。

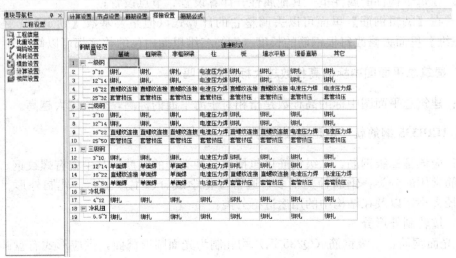

42. 问：在 GFY 或者 GGJ 软件中按楼层哪个顺序建模最合理？

答： 没有哪个顺序合理与不合理，只要正确设置了首层的底标高和各层的层高即可，还要确定好哪一层为首层的标志。

43. 问：缩尺配筋是什么意思？

答： 一般是指变截面构件，或是基础宽度大于设计规定可以采用缩尺配筋。

44. 问：一级钢双网双向布置绘制后为什么面筋也是 180°弯钩？

答： 面筋在软件里也是按 90°计算的，只是布置的不是面筋而是底筋，定义受力筋时就要把属性的类别栏选择为面筋，这样布置上去就正确了。如下图，面筋的颜色是紫红色的。

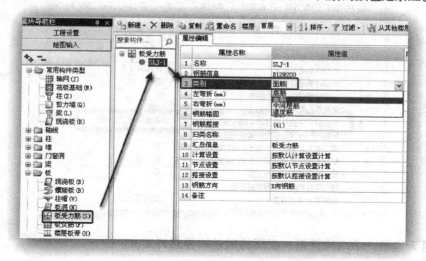

45. 问：在"钢筋排布"中移动了接头位置后，计算结果箍筋个数为什么发生了变化？

答： 如果梁纵筋是绑扎搭接的话，移动了接头位置箍筋的数量就会发生变化。

46. 问：钢筋下料长度软件为什么不扣除弯曲调整值？

答： 在新建工程文件时，没有选择箍筋按外皮计算，选的是按中心线计算。

47. 问：钢筋翻样软件计算的长度考虑钢筋弯曲量度差值吗？

答： 钢筋翻样软件默认的做法是不考虑钢筋弯曲量度差值的，可以在设置里定义一下这个值。

钢筋成型角度（°）	30	45	60	90	135	180
钢筋调整值	0.35d	0.5d	0.75d	1.75d	2.5d	6.25d

注：d 为钢筋直径。

48. 问：下图中 1 公分的零头软件可以设置吗？

　　　　　　　　　　　380 ┃　　6910　　┃ 380

　　答：不可以，如果想取整只能自己修改。

49. 问：檐高如何确定？

　　答：檐高是室外地坪到檐口的高度。

50. 问：钢筋翻样软件直螺纹接头反丝怎样设置？

　　答：直螺纹接头反丝是软件自动设置的，不需要来设置。

| 计算设置 | 节点设置 | 箍筋设置 | 搭接设置 | 箍筋公式 |

○柱/墙柱　○剪力墙　●框架梁　○非框架梁　○板　○基础　○基础主梁/承台梁

	类型名称	
1	□ 公共部分	
2	框架梁钢筋输出排序	按默认排序
3	纵向钢筋错开距离	按规范计算
4	弯锚时考虑弯折的层次关系	是
5	各排弯折钢筋之间的距离	50
6	纵筋最小弯折长度	100
7	梁纵筋采用丝扣连接时，端头丝扣做法	端部采用正反丝扣
8	梁的同一跨内是否允许有多个连接接头	否
9	梁高差变化坡度小于等于1/6时连续通过	是
10	截面小的框架梁是否以截面大的框架梁为支座	是
11	梁以平行相交的墙为支座	是
12	框架梁拉筋的外皮保护层厚度	10
13	拉筋弯钩形式设置	按规范计算

51. 问：某天沟是一个六段钢筋，里面的钢筋构件怎样定义？

　　答：可以采用两种方式解决这类问题：

（1）建立异形梁构件

① 在新建-新建异形梁-属性编辑-编辑多边形，图 1；

② 画上后沟底标高或檐面标高要按设计标高进行调整，图 2。

（2）边沟檐用墙画，沟底用板画，沟檐用墙或梁画都可以

① 用墙画沟檐它的底标高要按设计标高进行调整，图 3；

② 图 4 中左边用墙画，边沟檐用梁画。

上面的画法要注意当地定额对沟底和沟檐的计算规定：

第一种方式在套做法时列入沟檐的计算式；

第二种方式是分开建立处理。

图 1

	属性名称	属性值
1	名称	天沟
2	类别	框架梁
3	材质	现浇混凝土
4	砼标号	
5	编辑多边形	
6	截面宽度(mm)	500

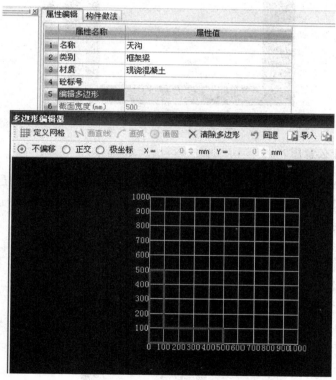

图 2

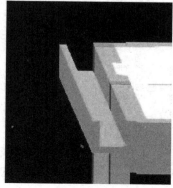

图 3

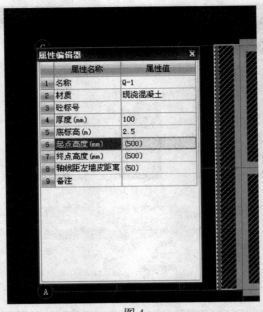

图 4

52. 问：图层是什么意思？

答：如同 CAD 图层，一般一类构件一个图层。即按构件类别分图层，构造柱、框架柱、圈梁、梁、现浇板等处于不同图层，在构件列表中，每一类构件后边都有一个快捷字母，每一个快捷字母代表的构件处于同一个图层。

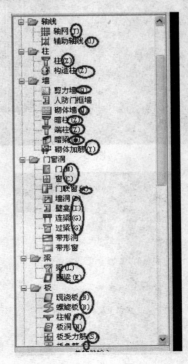

53. 问：如何移动布置的受力钢筋？

答：移动到别的板块用移动功能；如果想移动本板块中的显示位置，是不可以的。

54. 问：GFY 钢筋翻样和 GGJ 钢筋算量算出的量相差多少？

答：用 GFY 钢筋翻样和 GGJ 钢筋算量算出的量肯定是不一样的，因为它们的作用就不一样。GFY 钢筋翻样的量肯定小于用 GGJ 钢筋算量算出的量，至于相差多少，没有一个确定的量。现场供应材料应该是用 GFY 算出的量，相对准确一些。

55. 问：广联达软件里不设防烈度对以后的算量有影响吗？

答：结构类型设防烈度和檐高影响抗震等级，抗震等级影响钢筋的搭接和锚固，所以只要把抗震等级输入正确即可。

56. 问：广联达钢筋抽样软件中带"E"钢材如何表示？

答：软件中没有带"E"钢材的输入符号，带"E"钢材属于哪一类的钢筋就输入哪个符号，比如属于 HRB400，就输入 C，因为带"E"钢材只是抗震钢筋，其锚固长度的取值还是和同类型钢筋一样。

57. 问：下图钢筋计算的时候为什么高低桩在这一层交换了呢？

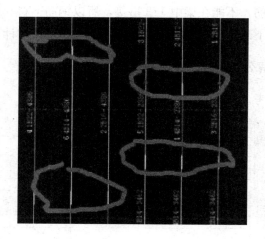

答：这是 GFY2012 的优化下料功能，因为模数设置里软件默认了好多种模数，计算的时候会自动按接近模数的尺寸下料。避免的方法就是在楼层设置里输入钢筋的长度或者每一层都设置高低桩的高度。

58. 问：弯钩设置里面的箍筋弯钩设置、拉筋弯钩设置、弯曲调整需要修改吗？

答：一般是不用修改的，如果设计要求不同才需要对其进行修改。

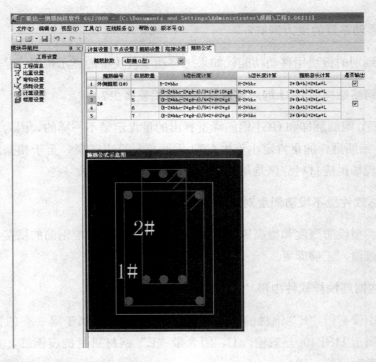

59. 问：钢筋算量和钢筋翻样有什么区别？

答：钢筋算量是预算用的，钢筋翻样是下料用的。预算用的没有考虑不能搭接的位置。比如说梁的下部钢筋，不能在梁中 1/3 搭接，所以钢筋下料软件会考虑这个因素；而预算软件就不会，计算下部钢筋，计算出通长，然后根据定尺，计算接头。

60. 问：斜屋面面积计算公式是什么？

答：下图信息供参考。

坡度 B（A=1）	坡度 B／2A	坡度 角度（α）	延尺系数C （A=1）	隅延尺系数D （A=1）
1	1／2	45°	1.4142	1.7321
0.75		36° 52'	1.2500	1.6008
0.70		35°	1.2207	1.5779
0.666	1／3	33° 40'	1.2015	1.5620
0.65		33° 01'	1.1926	1.5564
0.60		30° 58'	1.1662	1.5362
0.577		30°	1.1547	1.5270
0.55		28° 49'	1.1413	1.5170
0.50	1／4	26° 34'	1.1180	1.5000
0.45		24° 14'	1.0966	1.4839
0.40	1／5	21° 48'	1.0770	1.4697
0.35		19° 17'	1.0594	1.4569
0.30		16° 42'	1.0440	1.4457
0.25		14° 02'	1.0308	1.4362
0.20	1／10	11° 19'	1.0198	1.4221
0.15		8° 32'	1.0112	1.4221
0.125		7° 8'	1.0078	1.4191
0.100	1／20	5° 42'	1.0050	1.4177
0.083		4° 45'	1.0035	1.4166
0.066	1／30	3° 49'	1.0022	1.4157

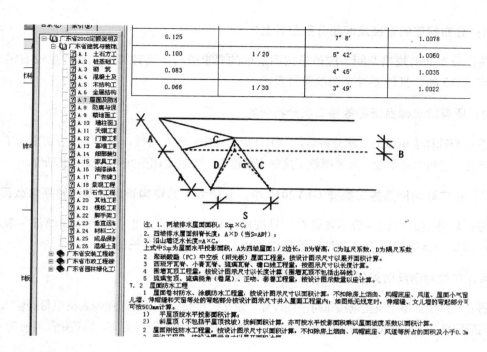

0.125		7° 8′	1.0078
0.100	1 / 20	5° 42′	1.0050
0.083		4° 45′	1.0035
0.066	1 / 30	3° 49′	1.0022

注：1. 两坡排水屋面面积：S平×C₂；
2. 四坡排水屋面斜脊长度，A×D（当S=A时）；
3. 沿山墙泛水长度=A×C₂。

上式中S平为屋面水平投影面积，A为四坡屋面1/2边长，B为脊高，C为延尺系数，D为隅尺系数

2 聚碳酸酯（PC）中空板（阳光板）屋面工程，按设计图示尺寸以展开面积计算。
3 西班牙瓦屋脊、小青瓦脊、玻璃瓦脊、檐口线工程量，按设计图示尺寸以长度计算。
4 围墙瓦顶工程量，按设计图示尺寸以长度计算（围墙瓦顶不包括砖砌）。
5 玻璃宝顶、玻璃挑角（卷尾）、正吻、套兽工程量，按设计图示数量以座计算。

7.2　　　屋面防水工程
1　　屋面卷材防水、涂膜防水工程量，按设计图示尺寸以面积计算，不扣除房上烟囱、风帽底座、风道、屋面小气窗和女儿墙、伸缩缝和天窗等处的弯起部分按设计图示尺寸并入屋面工程量内；如图纸无规定时，伸缩缝、女儿墙的弯起部分可按500mm计算。
1）　　平屋顶水平投影面积计算。
2）　　斜屋顶（不包括平屋顶找坡）按斜面积计算，亦可按水平投影面积乘以屋面坡度系数以面积计算。
2　　屋面刚性防水工程量，按设计图示尺寸以面积计算，不扣除房上烟囱、风帽底座、风道等所占的面积及小于0.3m

---

61. 问：铁块该如何计算？

答：按五金手册当成扁钢来算，最后在计价的时候，把主材换成铁即可，钢和铁的价格不一样而已。

62. 问："编辑钢筋"这个功能有哪些具体作用？

答：对于软件默认的如锚固长度、搭接长度和图中不符的，可以编辑它的长度，如水池子的壁和底板钢筋的锚固常有这种情况；对于局部加筋如混凝土墙在板上而板下没梁时要加几根钢筋，这时候要在编辑钢筋里加上这些钢筋；对于其他要修改的钢筋信息都可以通过编辑完成。

需要注意的是，增加的钢筋不用锁定，但修改过的钢筋一定要锁定，否则汇总计算就又复原了。

63. 问：钢筋翻样软件里如何设置扣减钢筋的伸长值？

答：下料软件里的扣减钢筋的伸长值主筋是会扣减的，只有箍筋不会，不过箍筋可以在软件默认的10d/20d里把这两个值修改一下就会扣减了。

64. 问：计算下筋时直锚够长，计算出的钢筋形状为何还有弯钩？

答：出现问题中的情况可能是因为在梁绘制时出现了问题，软件对梁支座判断错误，导致直锚长度不够，按照图集弯锚做法自然是要做15d的弯钩。剪力墙中间的一段梁在画图时只要画满梁长即可，不要画到暗柱的中心线位置，画到暗柱的中心线支座是以暗柱长度算的，画到暗柱的边缘软件是按墙为支座计算的。

65. 问：分布钢筋的直径及间距分别是什么？

答：分布筋的规格及间距应该是按图纸里的要求进行定义计算的，软件里没有定义时默认的是 A6 的。具体要参考图纸设计要求。

66. 问：所有的机械台班都能够二次分析吗？

答：当选择了机械的二次分析后，一个计价文件中的所有机械，都是二次分析出人工、汽油、柴油、电和水的用量，只要调整了这些市场价格，也就是调整好了机械的市场价。

67. 问：在广联达钢筋施工翻样 GFY2010 中，Ⅲ级钢 6 的弯钩长度没有设置是怎么回事？

答：软件里的弯钩一般不要设置，是按规范要求默认的，Ⅱ、Ⅲ级钢筋端部一般不要弯钩，如果中板里的负筋或者是箍筋软件里也会自动考虑弯多长的。

68. 问：在绘制钢筋时如何定义抗扭钢筋和构造钢筋？

答：软件里如果想抗扭筋按每跨锚固计算，定义抗扭筋时在原位标注的表格里每跨输入抗扭筋的钢筋信息，软件就是按每跨锚固计算的了。软件中抗扭钢筋符号为 N，构造钢筋符号为 G。

69. 问：标高高差如何处理？

答：钢筋软件里定义的标高都是按结构标高定义的，局部的标高不同时可以用楼层标高＋、－来定义，这样定义标准层时可以复制上去，如果直接定义是多少标高，标准层处不好复制。

70. 问：钢筋算量软件中楼梯如何绘制？

答：楼梯踏步板可以用斜板做，休息平台就用现浇板做，楼梯梁就用框架梁或非框架梁做，楼梯柱就用框架柱或构造柱做。也可以在"单构件输入"里做，在"单构件输入构件管理"里选中"楼梯"，添加构件，点击"确定"，然后打开"参数输入"，"选择图集"，在图集库中选择适合工程的楼梯类型，输入相关的信息，计算退出即可。

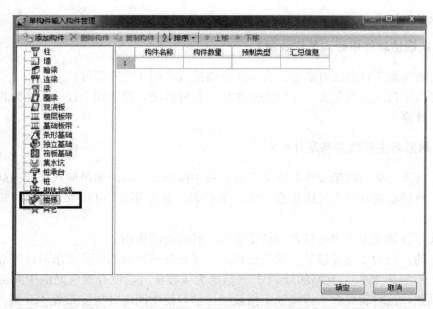

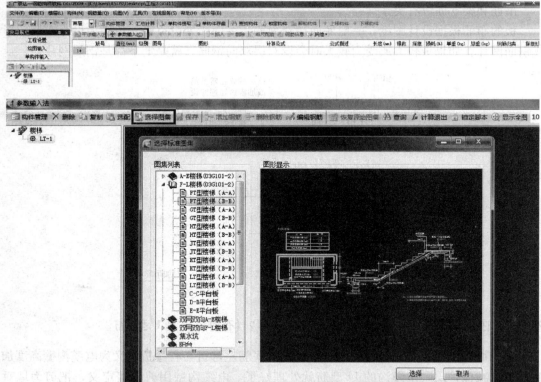

71. 问：混凝土结构环境类别中的"室内潮湿环境"如何理解？

答： 室内潮湿环境不是说卫生间，只有水池、水箱才可以算是室内潮湿环境。图集里的室内潮湿环境说的是构件表面经常处于结露或湿润状态的环境。具体环境类别一般设计

说明中会有规定。

72. 问：广联达软件中暖沟怎样绘制？

答：暖沟画图计算没有必要，直接在表格输入中列式计算即可。

也可以用自定义线定义，在做法中添加上各种做法，设置好工程量的计算式后就可以画到图中计算了。

73. 问：吊筋与主筋的关系是什么？

答：现浇主梁与次梁交接处或梁下挂有集中荷载处，应附加吊筋或附加箍筋。一般附加吊筋、负筋箍筋直径设计图纸会告诉，吊筋绑扎梁上部主筋上 20d，看图 03G101-61～63 页。

吊筋：设置在主次梁交接部位的主梁内，起抗剪的作用。

架立筋：是为了支撑箍筋，梁钢筋根数不满足箍筋肢数的支撑要求时设架立筋。比如梁上部通长筋是 2B20，支座加筋 2B25，箍筋为 4 肢箍时，没有支座筋的中间部位 4 肢箍就没法设置，这时就要在支座加筋上搭设架立筋，使中间部分也能布置 4 肢箍。

吊筋和架立筋没有关系。

板的布筋根据设计图纸，一般底面设受力筋，上面梁处设负筋，负筋上设分布筋，形成钢筋网片。如果板较大或受力较大时会设双层双向钢筋，就是上下都是钢筋网片。

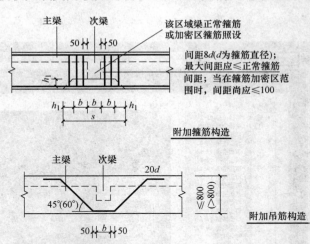

74. 问：在钢筋算量中，电缆沟用什么方式布置？（有种钢筋是 U 型的）

答：可以用筏板定义电缆沟底板，筏板的底筋左弯折与右弯折定义为电缆沟壁高度加底板厚度减保护层，电缆沟的 U 型筋就处理好了，电缆沟壁用剪力墙定义，把剪力墙垂直钢筋取消，这样钢筋量即是电缆沟钢筋量了。

75. 问：刚性屋面冷拔钢筋网片如何布置？

答：（1）可以在屋面板上直接布置，可以用自定义范围来布置，在计算设置中梁位置布置钢筋即可；（2）在分层 2 中，先布置刚性屋面板，再在该板上布置冷拔钢筋也是可以

广联达GFY2012钢筋翻样软件应用问答

的；（3）还可以用单构件来解决。

76. 问：在工程设置的楼层设置中输入的板厚度与后期在板定义界面输入的板厚度有关联吗？

答：在工程设置中输入的板厚是公共属性，在此处输入厚度后，在其他各层不输入厚度时软件就会按此厚度默认为楼层中板的厚度，如果在楼层中定义板时输入实际厚度，软件就会按楼层中定义的板厚来计算。

第 2 章

轴网

1. 问：桩基承台识别后为什么和导入的轴网不在同一平面上？

  答：查看承台单元属性里的"相对底标高"是否为 0，如果不是改为 0 即可。

2. 问：怎么删除多余轴距？

  答：修改轴号位置，也可以选择不标注。

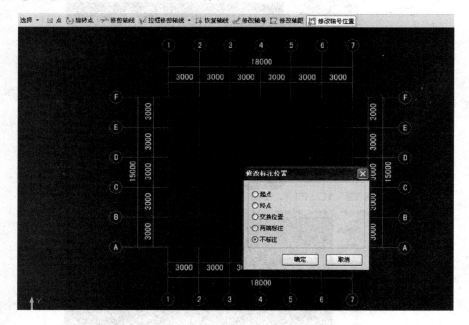

3. 问：两个轴网相交 45°，怎样绘制？

  答：先布置好轴网，然后点选相应的轴网，右键确认选择"旋转"，再点键盘上 Shift 键并加鼠标拖运，在弹出的对话框中输入角度值，确定后即可。

第2章 轴网

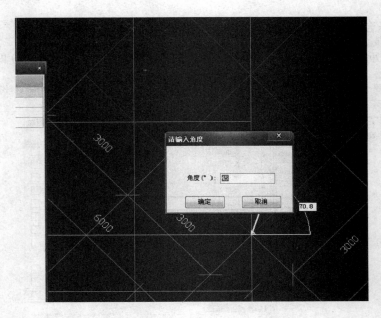

4. 问：需要建立两个轴网，怎样合并？

　　答：两个轴网建好后，如截图。

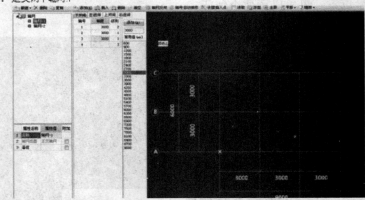

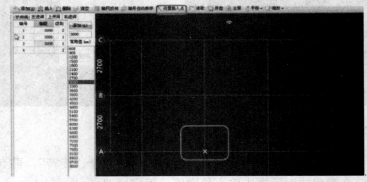

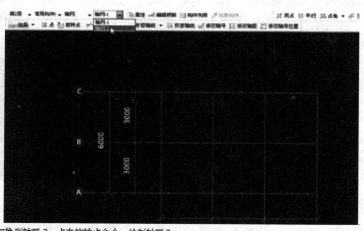

4. 切换到轴网 2，点击旋转点命令，绘制轴网 2。

5. 指定第一个点后，按住 shift+左键，输入角度。

5. 问：轴线标注尺寸及轴号字体太大怎样解决？

答：点击工具—选项—其他—使用单线字体前面去掉勾即可。

6. 问：群楼有主楼、车库两标高不在一水平上，主楼基顶标高 – 5.975m，基底标高 – 10.85m，车库基顶标高 – 9.3m，基底标高不等，怎样建楼层？

答：按最深的基础垫层底标高设置基础层层高，其他基础修改底标高即可。

7. 问：图纸中距左边线距离是 300mm，该怎样设置？

答：软件中轴线是在梁内到一边的距离，最大只能是梁宽，不能超过梁宽度，当轴线在梁外时可以用正交模式下或用偏移的方法来绘制。

8. 问：每层的轴网为什么不在同一位置？

答：在首层导入柱的 CAD 图后，要进行"定位 CAD 图"的操作，使导入的图和已识别的轴网完全重合，这样识别的柱才能在它所在的轴线上。

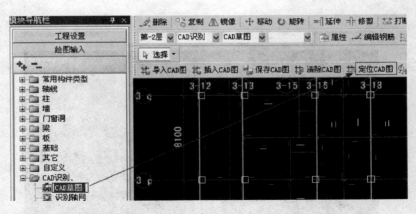

9. 问：导入的 CAD 轴网没有标注，只有辅轴，为什么识别不了？

答：可以使用天正 8.0。先打开需要导图的 CAD 图纸，框选，点击左侧菜单栏，文件布图，鼠标左键单击图形导出，然后选择便于寻找的位置保存，文件格式后缀为 t3 格式，然后导入钢筋或者图形。参看下图。

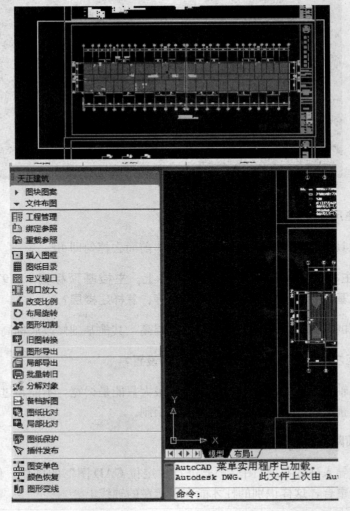

10. 问： 学习版钢筋翻样软件可以将识别后的轴网等图元导入和导出吗？

答： 学习版钢筋翻样软件可以将识别后的轴网等图元导入和导出，但图元有限，不能超过 150 个。

11. 问： 异形轴网没识别完可模型已经建得差不多了，怎样补救？

答： 构件可以用画线或平行边的方法布置。

12. 问： 广联达软件中轴网修剪能否像 CAD 中的修剪方法一样？

答： 不可以。因为广联达不是以 CAD 为操作平台的。这既是广联达的优点也是缺点。这样一来，画图就很简单，即使一些没有学过 CAD 的人对软件画图操作也很容易，但是它的灵活性会相对差些，只要轴网不影响工程量的计算就不需要在这上面去纠结。

13. 问： 按照施工图建立了轴网，但上下开间轴网不对称，该怎样处理？

答： 先输入上开间，再输入下开间，软件就自动识别各自的位置了。

14. 问： 正交轴线中间有一小部分是圆弧，为什么 CAD 识别在圆弧处会断线？

答： 识别该梁时，梁信息识别正确后，左键连续选中所有梁跨，包括一小部分是圆弧梁跨，最后右键确定即可。

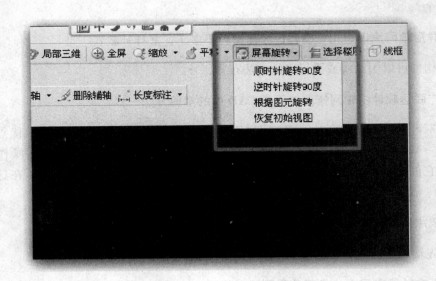

15. 问：轴网突然旋转了 90°，要恢复到 0°怎样操作？

　　答：点击界面右上方的屏幕旋转就可以恢复到 0°。也可以在轴网界面框选轴网，然后右键，点击旋转，输入旋转角度也能实现。

16. 问：怎样修改轴网中两轴之间的间距？

　　答：按下图进行修改即可。

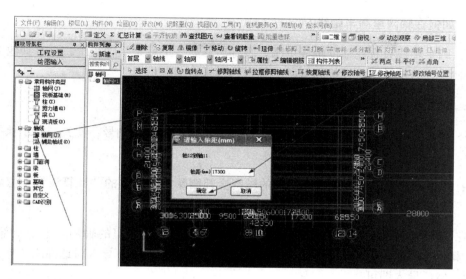

17. 问：凹形轴网怎么输入？

答：可以按一般正交轴网，构件按图纸位置绘制即可，完成后就是凹形，不一定非要绘制个凹形轴网，才可以绘图。

也可以拉框修剪。

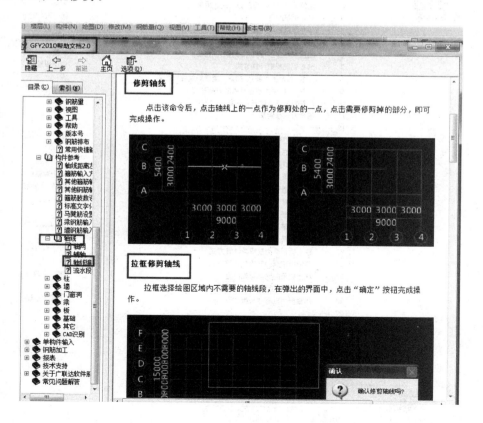

18. 问：如何在轴网里画半轴线？

答：画半轴线只有在辅助轴线里画，画好后修剪一下就是半轴线了。没有其他方法可以画半轴线。另外导图可以按图纸画的轴线导过来。

19. 问：进深方向的轴线左右边不一致，怎样修改？

答：要在轴网管理中修改，修改左进深、右进深的轴距、轴号，使其与图示保持统一即可。

20. 问：想重新建立轴网，怎样把原来的轴网全部删除？甲工程的"计算设置"怎样导入到乙工程中？

答：轴网建好后只能一层一层地删除，不可以把整个楼层里的轴网一下子全部删除。想导入其他工程的设置时，先在计算设置里选择导出计算规则；导入时选择刚才导出的计算规则，然后导入即可。

算块导航栏	计算设置	节点设置	箍筋设置	搭接设置	箍筋公式

工程设置

- 工程信息
- 比重设置
- 弯钩设置
- 损耗设置
- 计算设置
- 楼层设置

○柱/墙柱 ○剪力墙 ○框架梁 ○非框架梁 ●板 ○基础 ○基础主梁 ○基础次梁

	类型名称	
1	□ 公共设置项	
2	起始受力钢筋、负筋距支座边距离	50mm
3	分布钢筋配置	同一板厚的分
4	分布钢筋长度计算	和负筋(跨板受
5	分布筋与负筋(跨板受力筋)的搭接长度	300
6	温度筋与负筋(跨板受力筋)的搭接长度	300
7	分布钢筋根数计算方式	向下取整+1
8	负筋(跨板受力筋)分布筋、温度筋是否带弯勾	否
9	负筋/跨板受力筋在板内的弯折长度	板厚-保护层
10	纵筋搭接接头错开百分率	≤25%
11	温度筋起步距离	s
12	□ 受力筋	
13	板底钢筋伸入支座的长度	max (ha/2,5*d
14	板受力筋/板带钢筋按平均长度计算	否
15	面筋(单标注跨板受力筋)伸入支座的锚固长度	la
16	受力筋根数计算方式	向上取整+1
17	受力筋遇洞口或端部无支座时的弯折长度	板厚-保护层
18	柱上板带下部受力筋伸入支座的长度	la
19	柱上板带上部受力筋伸入支座的长度	la
20	跨中板带下部受力筋伸入支座的长度	max (ha/2, 12*
21	跨中板带上部受力筋伸入支座的长度	la
22	柱上板带受力筋根数计算方式	向上取整+1
23	跨中板带受力筋根数计算方式	向上取整+1
24	柱上板带的箍筋起始位置	距柱边50mm
25	柱上板带的箍筋加密长度	Ln/4
26	跨板受力筋标注长度位置	支座中心线
27	□ 负筋	
28	单标注负筋锚入支座的长度	la
29	板中间支座负筋标注是否含支座	是
30	单边标注支座负筋标注长度位置	支座内边线
31	负筋根数计算方式	向上取整+1

提示信息：

绘图输入
单构件输入
报表预览

导入规则(I) 导出规则(O)

21. 问：轴线画好后，柱子和独立基础都是居中放置的，怎样偏移呢？

答： 左键点击要偏移的图元，然后右键弹出一个选择框，可以选择移动、单对齐、多对齐、查改标注等功能进行偏移，具体操作步骤可参考界面最下面的操作提示。

22. 问：两个斜交轴网怎样拼接？

答： 建立左右标注轴线，然后在中间修剪，用辅助轴线连接，不需要拼接，用一个轴网即可，用共用轴，最上边那道即是。

第3章

柱

1. 问：端柱外侧剪力墙上的加强钢筋在软件中怎样编辑？

　答：定义的时候选择参数化端柱，然后按图纸输入截面尺寸及钢筋信息即可。

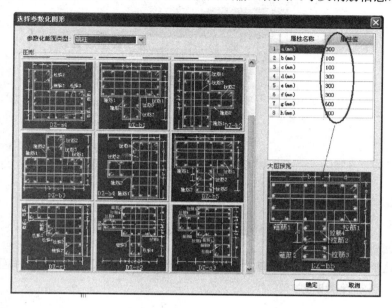

2. 问：钢筋算量中，柱子钢筋有多种规格时怎样区分？

　答：在属性里的截面编辑一栏选择是，然后在截面编辑器里布置不同规格的纵筋。中间有钢筋可以通过对齐纵筋的功能来实现。具体操作可以"帮助"文件的内容来了解。

3. 问：暗柱怎样绘制，边筋如何布置？

　答：新建矩形暗柱，输入钢筋信息，截面编辑"是"即可。

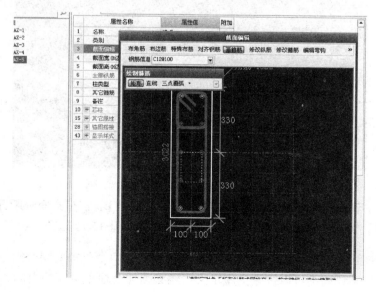

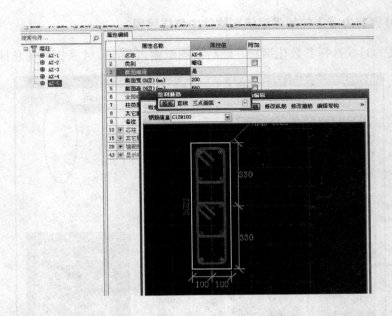

4. 问：广联达钢筋提取柱的时候有的柱子是跟标注尺寸一样，有柱配筋详图的柱子提不出来，该怎样提取？

  答：柱大样画在柱平面布置图上的设计图纸，识别的时候，先识别柱大样，然后识别柱，由于柱大样的标注尺寸和图纸的实际比例不一样，因此有柱大样位置处的柱就不要识别了，直接按图绘制即可。

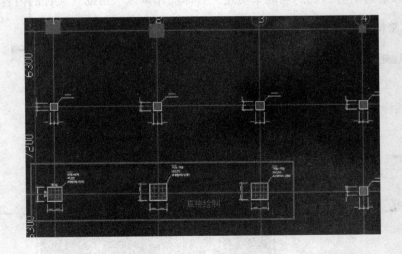

5. 问：KL 在柱节点锚固取值应该是 $0.5 * H_c + 5d$，还是 L_{aE}？在支座处断开锚固 L_{aE} 原材料不够，跨中下部支座锚固能否按端支座 $0.4L_{aE} + 15d$ 定义？

  答：KL 在柱节点锚固取值 $0.5 * H_c + 5d$，L_{aE}，这两个要求要同时满足。

  跨中下部支座锚固不可以按端支座定义，还必须伸至柱子主筋的内侧。

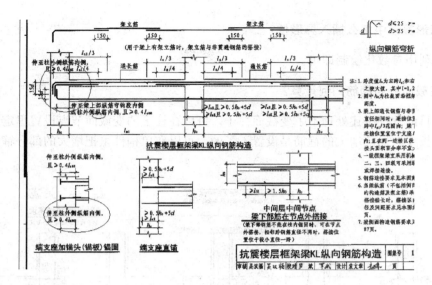

抗震楼层框架梁KL纵向钢筋构造

端支座加锚头(锚板)锚固   端支座直锚

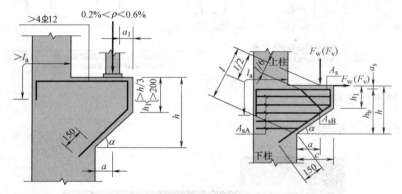

中间层中间节点
梁下部筋在节点外搭接

6. 问：2012 钢筋翻样软件中柱子顶上的牛腿钢筋如何设置？

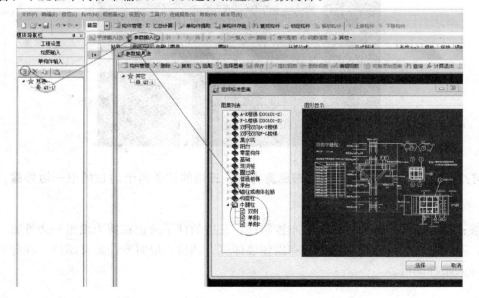

答： 牛腿在单构件中输入，可以选择相应的参数构件。

7. 问：图形算量中怎么插入异形柱？

答：利用参数化绘制即可。

8. 问：变截面柱内钢筋如何计算？

答：目前软件里还处理不了变截面柱子，可以在柱子的变截面节点设置里定义下层主筋和锚固长度。局部增大的箍筋是设置不了的，可以在单构件里把增大的部分箍筋的量加上去。

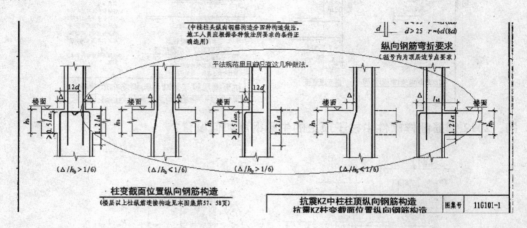

9. 问：GBZ 属于什么柱子？

答：属于暗柱或者端柱。

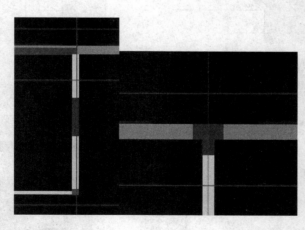

10. 问：框架结构中暗柱是否全部布满剪力墙，三边的柱子两个边在墙里一边外露，装修的时候画成什么墙？

答：框架结构中剪力墙是全部布置暗柱，三边的柱子两边在剪力墙里一边外露，做装修时，不用画暗柱，直接画剪力墙和砌体墙即可。画剪力墙时专门定义暗柱，在导入图形时不导入暗柱即可。

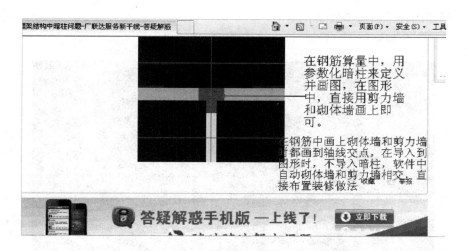

11. 问：楼层柱子的标高设置是每一层分别进行绘制呢，还是从基础层底标高直接设置到顶楼面顶标高？

　　答：分层布置，也包括基础层。

12. 问：在广联达 GFY2012 软件中画完柱子，汇总计算后，查看钢筋三维，再次画入剪力墙，就不能汇总计算了，是怎么回事？

　　答：对照图片查看问题出在哪一个环节，如果全部无误，可以咨询广联达售后。

　　　　1、加密锁驱动需要同步安装。
　　　　2、需要插上加密锁后打开。
　　　　3、加密锁中需要相关产品的注册信息。
　　　　4、必须是正版锁才行。

13. 问：不管主筋和箍筋直径，要设置箍筋宽度为 **B-50**，下料长为周长＋15 * d，该怎样设置？例如 **500 * 500** 的柱，箍筋包外是 **450 * 450**，下料 A8 的 **1920**，A10 的为 **1950**。**GFY2012** 计算规则为 **03G101**。

　　答：03G101 的钢筋保护层是以主筋为准的，因此箍筋的外包尺寸应增加箍筋的直径（即 8 * d），关于下料周长＋15 * d 的设置可以在"计算设置"的"箍筋公式"里修改即可。

工程设置

- 工程信息
- 比重设置
- 弯钩设置
- 损耗设置
- 计算设置
- 楼层设置

箍筋肢数： 4肢箍(1型)

	箍筋编号	纵筋数量	b边长度计算	h边长度计算	箍筋总长计算	是否输出
1	外侧箍筋(1#)		B-2*bhc	H-2*bhc	2*(b+h)+2*Lw+L	☑
2		4	(B-2*bhc-2*gd-d)/3*1+d+2*gd	H-2*bhc	2*(b+h)+2*Lw+L	
3	2#	5	(B-2*bhc-2*gd-d)/4*2+d+2*gd	H-2*bhc	2*(b+h)+2*Lw+L	☑
4		6	(B-2*bhc-2*gd-d)/5*1+d+2*gd	H-2*bhc	2*(b+h)+2*Lw+L	
5		7	(B-2*bhc-2*gd-d)/6*2+d+2*gd	H-2*bhc	2*(b+h)+2*Lw+L	

14. 问：下图的柱子该怎样绘制？

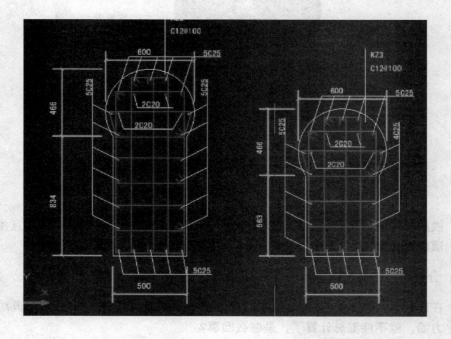

　　答： 以左边的柱为例绘制如下图所示，主要是定义网格和采用三点画弧功能来绘制柱的断面大样图。

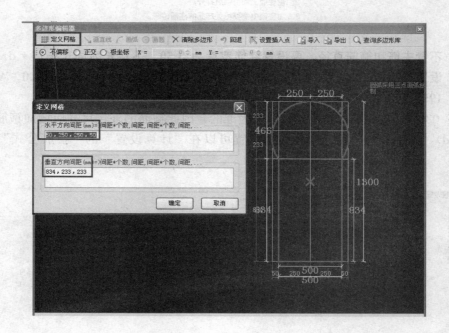

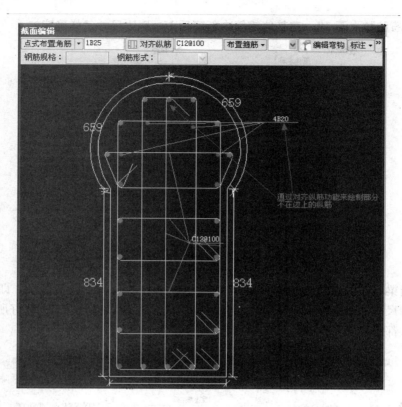

15. 问：钢筋抽样中，整个基础层柱子钢筋中的箍筋，为什么总是只有两根？

答：在基础层中柱如果是在基础中的，一般软件按在计算设置中的设置，只计算外侧箍且按基础层厚度，不少于两根，间距不大于 500mm 布置。其他的应在上层柱中计算。

16. 问：柱下板带中有加强带钢筋，如何计算？

答：柱下板带处加强区可以用暗梁来定义，不需要定义箍筋。然后分别定义柱上板带两边多余的部分，这样软件就可以处理了。

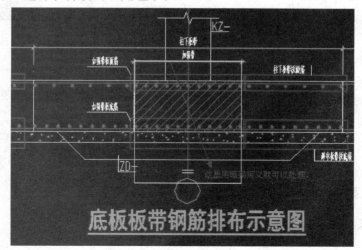

底板板带钢筋排布示意图

17. 问：箍筋肢数大于 10，在其他箍筋中新建后 H、B 边尺寸怎样确定？

属性名称	属性值	附加
名称	CTL-1	☐
类别	基础主梁	☐
截面宽度(mm)	1800	☐
截面高度(mm)	1500	☐
轴线距梁左边线距离(mm)	(900)	☐
跨数量		☐
箍筋	C12@100 (10)	☐
肢数	10	☐
下部通长筋	20C25	☐
上部通长筋	20C25	☐
侧面纵筋	G10C18	☐
拉筋		
其它箍筋		
备注		
⊞ 其它属性		
⊞ 锚固搭接		

其它箍筋类型设置

	箍筋图号	箍筋信息	图形
1	195	2C12@100	

答： 当梁箍筋的肢数大于 10 肢时，在箍筋栏里只要输入 2 肢箍信息，即让软件只计算外箍筋的尺寸，其他所有内箍都在其他箍筋里输入，输入时要手工计算好所有内箍筋的尺寸。注意都是按扣了保护层后的尺寸输入。

18. 问：图纸上要求注明箍筋布置的标高范围，怎么设置？

答： 在定义里面点开其他，里面有上下加密区范围。

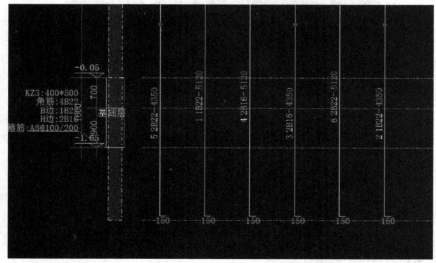

	属性名称	属性值	附加
1	名称	KZ-1	
2	类别	框架柱	☐
3	截面编辑	是	
4	截面宽 (B边) (mm)	400	☐
5	截面高 (H边) (mm)	400	☐
6	全部纵筋	4Φ22+12Φ20	☐
7	柱类型	(中柱)	☐
8	其它箍筋		
9	备注		☐
10	⊞ 芯柱		
15	⊟ 其它属性		
16	—— 节点区箍筋		☐
17	—— 汇总信息	柱	☐
18	—— 保护层厚度 (mm)	(20)	☐
19	—— 上加密范围 (mm)	1000	☐
20	—— 下加密范围 (mm)		☐
21	—— 插筋构造	设置插筋	☐
22	—— 插筋信息		☐
23	—— 计算设置	按默认计算设置计算	
24	—— 节点设置	按默认节点设置计算	
25	—— 搭接设置	按默认搭接设置计算	
26	—— 顶标高 (m)	层顶标高	☐
27	—— 底标高 (m)	层底标高	☐
28	⊞ 锚固搭接		
43	⊞ 显示样式		

19. 问：钢筋翻样软件中柱筋超过底标高了是怎么回事？

答：所谓的柱筋超过底标高是柱子的纵筋锚固在基础内，截图中−1.65m 标高以下是基础的高度，每个柱子在基础内都是要有锚固的。

20. 问： 某工程 2 层有个 1800 ∗ 1400 的框支柱，3 层同一位置有一个 500 ∗ 900 的端柱，端柱的外边与框支柱平齐。绘图完成之后使用三维钢筋看到，框支柱的所有纵筋均延伸到了 3 层顶部（包括无端柱的位置），这个问题怎样解决？

答： 在定义 KZZ 柱时，把不在端柱位置的纵筋信息前面加上 ∗ 号，比如 ∗15C25＋4C25，这样汇总计算后该柱就有 15 根 25 的纵筋在 2 层弯折锚固了。

21. 问： 当构造柱遇到柱墩时，此处的钢筋广联达软件可以计算吗？

答： 柱墩属于基础，C10@500 是构造柱在基础内的箍筋间距，软件是可以计算的，在计算设置里设置，具体如下图所示。

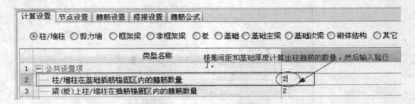

22. 问： 框架柱截面每个角标注两条角筋怎样处理？

答： 这要根据两条钢筋的情况来处理，如果是相连，可以在属性截面编辑下拉选择"是"，然后用布置边筋的方法，增加边筋条数，再删除不需要的钢筋。

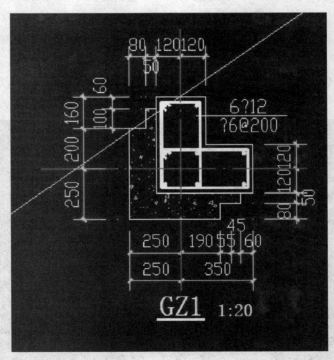

23. 问： 下图构造柱该如何输入？

答： 在构造柱定义界面，选择参数化柱，如下图所示。

广联达GFY2012钢筋翻样软件应用问答

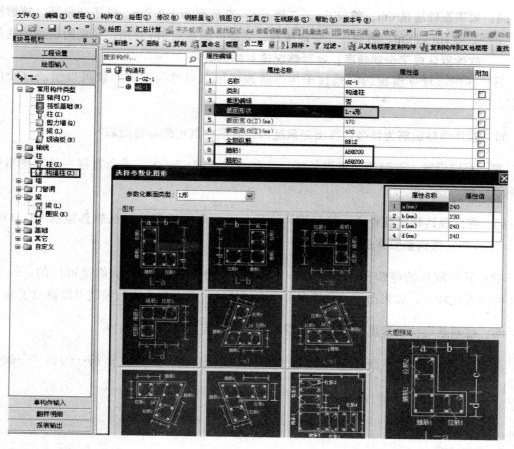

24. 问：独立柱基础底层钢筋按缩尺料施工，怎么将边筋按"基础底长（宽）-2＊保护层厚度"，而其他钢筋仍然按缩尺料做？

　　答：在工程设置中进行设置即可。按下图所示选择。

	计算设置	节点设置	箍筋设置	搭接设置	箍筋公式

○柱/墙柱　○剪力墙　○框架梁　○非框架梁　○板　●基础　○基础主梁/承台梁　○基础次梁　○砌体结构　○其它

	类型名称	设置值
6	条形基础宽度≥设定值时，受力钢筋长度为	0.9*宽度
7	相同类别条形基础相交时，受力钢筋的布置范围	十字形相交，纵向贯通，横向不贯通；
8	非贯通条基分布筋伸入贯通条基内的长度	150
9	非贯通条基受力筋伸入贯通条基内的长度	ha/4
10	条基与基础梁平行重叠部位是否布置条基分布钢筋	否
11	L形相交时条基分布钢筋是否均不贯通	否
12	条形基础受力筋、分布筋根数计算方式	向上取整+1
13	条形基础无交接底板端部构造	按照平法06G101-6计算
14	独立基础	
15	独立基础边缘第一根钢筋距基础边的距离	min(75, s/2)
16	独基受力筋长度计算设定值	2500
17	独立基础边长≥设定值时，受力钢筋长度为	四周钢筋:边长-2*bhc,其余钢筋:0.9*边长
18	独立基础钢筋根数计算方式	向上取整+1
19	独立基础下部钢筋弯折长度	0
20	独立基础上部钢筋弯折长度	0

提示信息：提供两种选择。

25. 问：如果基础层是 6m，首层 6m，二层 6m，首层底为十0.0m，柱子分段画，首层柱子从 1m 到 5m，然后在二层建构建，二层柱标高从 5m 到顶，绘制时二层的柱子软件默认成了全部超高，这种情况该怎样解决？

答：在图形计算模板的时候柱子构件修改成按照自然层绘制，就可以解决这个问题了。

26. 问：软件中柱纵筋为什么计算出来只能两条长筋，其他的都是短筋？

答：可以设置一下钢筋的露出长度，比如 B20-1000/2000，或者直接在排布图里修改钢筋长度，锁定即可。

27. 问：在广联达翻样软件中，箍筋弯钩设置和拉钩弯钩设置为什么软件默认 90，135，180，弯钩参数都是 14d/27d？

答：软件默认的弯钩长度值只是一个普通值，正常的按 135°取值是可以的，90°和 180°的情况比较少，如果出现这种情况可以自己修改，双击表中的数据就可以修改了。

28. 问：在箍筋弯钩设置里面怎样增加箍筋与拉筋直径（C6 三级钢）？

答：在弯钩设置界面点击"直径设置"—勾选 HRB400 型钢筋—勾选 6—确定即可。

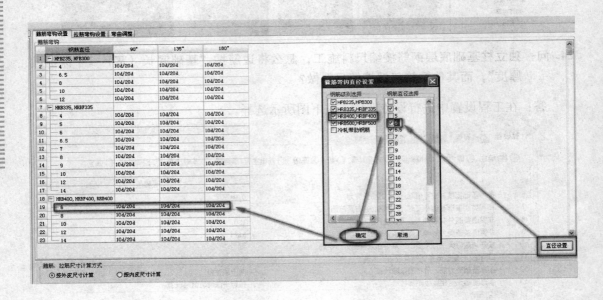

29. 问：暗柱的搭接处箍筋加密，暗柱里的拉筋要加密吗？

答：暗柱的拉筋与箍筋是一致的，加密要求与箍筋一样，都是 11G101 图集的节点要求。

适用于约束边缘构件阴影部分和构造边缘构件时纵向钢筋

约束边缘构件纵筋

楼板

剪力墙

剪力墙上起约束边缘构件纵筋构造

注：1. 搭接长度范围内，约束边缘构件阴影部分、构造边缘构件、扶壁柱及非边缘暗柱的箍筋直径应不小于纵向搭接钢筋最大直径的0.25倍，箍筋间距不大于纵向搭接钢筋最小直径的5倍，且不大于100mm。
2. 括号内数字用于非抗震设计。

构造边缘构件GBZ、扶壁柱FBZ、非边缘暗柱AZ构造 剪力墙边缘筋纵向钢筋连接构造 剪力墙上起约束边缘构件纵筋构造	图集号	11G101-1

30. **问：** 异形柱中开口箍筋怎样定义？

答： 关于箍筋的问题，无设计要求时单向弯锚挂住 3 号封闭箍筋。

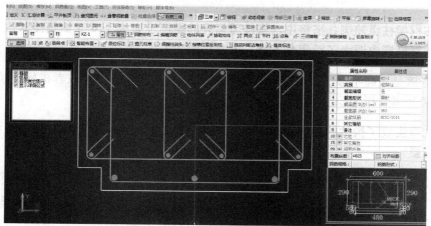

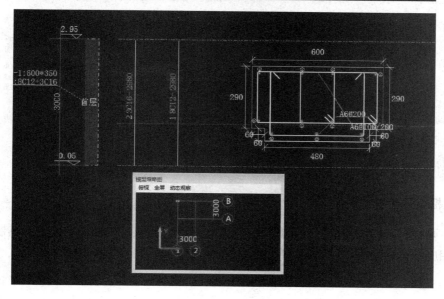

钢筋翻样配料单

工程名称：工程1
日期：2013-01-27
工程部位：首层

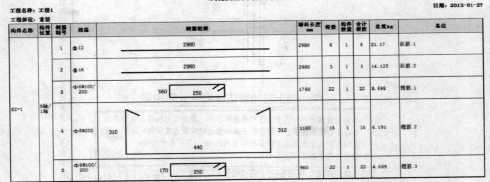

构件名称	构件位置	钢筋编号	规格	钢筋图形	断料长度 mm	根数	构件数量	合计根数	总重kg	备注
KZ-1	5轴/1轴	1	Φ12	2980	2980	6	1	6	21.17	纵筋.1
		2	Φ16	2980	2980	3	1	3	14.125	纵筋.2
		3	Φ6@100/200	560 250	1740	22	1	22	8.498	箍筋.1
		4	Φ6@200	310 440	1180 310	16	1	16	4.191	箍筋.2
		5	Φ6@100/200	170 250	960	22	1	22	4.689	箍筋.3

31. 问：为什么首层框架柱纵筋在柱头自动弯锚固而不是向上直露与上层框架柱搭接呢？

答：在首层框架柱后，如果二层不布置柱就汇总计算或是上层柱变截面时都会出现这种情况。

32. 问：在框架柱纵筋绑扎搭接中，搭接后错开的距离没有大于0.3倍搭接长度，即使在计算设置中调大了距离也不行，该怎样解决？

答：应该是层高不够了，按规范要求层高不够时应该要按焊接或者机械连接来处理。把接头的错开率选择为50%即可。

33. 问：柱表生成了构件的属性而没有生成构件图元，为什么在钢筋加工页面看不到钢筋量？

答：如果只是生成了构件的属性而没有生成构件图元，那么在钢筋加工页面是看不到钢筋量的。构件属性生成之后还要在绘图界面布置上构件图元，汇总计算后在钢筋加工页面才会有显示。

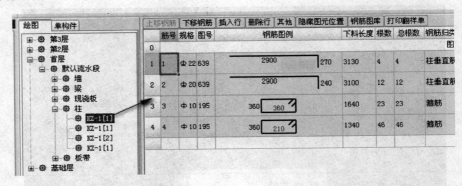

34. 问：框架柱中有型钢怎样处理？

答：画柱时不考虑型钢，型钢单独计算工程量。混凝土柱中埋设的钢柱，其制作、安装应按相应的钢结构制作、安装定额执行。

35. 问：柱 H 边或者 B 边有两排钢筋怎样输入？

答：如果是算量，可以在柱 H 边或者 B 边直接输入纵筋的总数，对钢筋量没有影响；如果是下料，在翻样软件里可以用截面编辑的功能，在截面编辑里有点式布置的功能，可以直接布置两排纵筋。

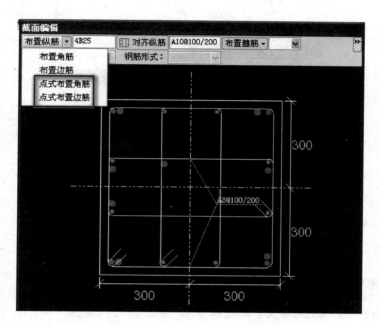

36. 问：2.5 的短柱用 KZ 定义后下料本该是 150＋2500－40－30 的，软件计算结果是 150＋1460（广联达计算 1500/3＋1000－40＋max（6 * d，150））和 960（广联达计算 1500－1500/3－30）该怎样处理这种情况？

答：把框架柱其他属性打开，设置插筋选为纵筋锚固即可。注意在计算设置中把弯折长度改为图纸设计长度。

37. 问：暗柱里的 L 型一端是拉钩，另一端是箍筋，怎样布置箍筋？

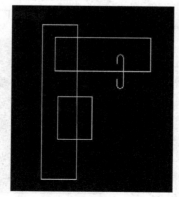

答：小内箍和拉钩都在其他钢筋里输入。

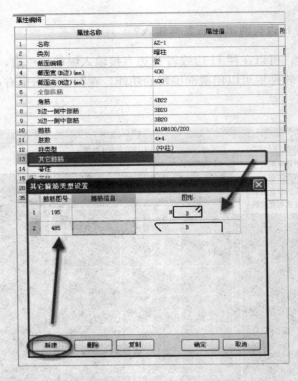

38. 问：柱墩底板钢筋和斜面钢筋间距不一样时如何输入？

答： 可以改用集水坑来定义，坑壁水平筋一项不要输入信息。如下图所示。

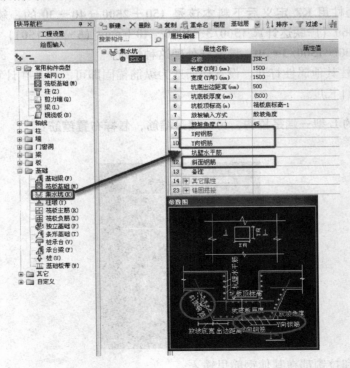

39. 问： 某项目在做砌体填充墙时，20mm 厚墙体长度超过 5m 需要做构造柱；高度超过 3m 需要做圈梁，而且图纸也有注明。构造柱及圈梁需要做资料吗？

答： 工程中除了基础垫层可以不要做资料，其他都需要做资料。

40. 问： 某厂房超高柱子和标高柱子，二层大部分的柱子都是 8m 标高，某跨有夹层，顶面是混凝土盖板。把夹层定义为 3 层，二层和三层柱子都是 4m，顶面是混凝土盖板，在绘制时出现了以下问题：

（1）在绘制顶面时，顶面按照 4 层绘制梁板，非夹层部位是没有支点的。

（2）同第 1 条，顶面按照 3 层来绘制梁板，夹层部位也出现了没有支点的状况。

（3）把 8m 的柱分为 2 层和 3 层，在 4 层绘制梁板问题可以解决，但是 8m 高柱子的钢筋加密区和搭接的做法就与实际不符了。以上问题该如何处理？

答： 这种情况可以把柱子布置在 2 层，在绘制夹层的时候在工具栏内的选项设置中，把可编辑跨层图元选中，这时就有支点了。

41. 问： 柱大样中的 Ln：700 是什么意思？

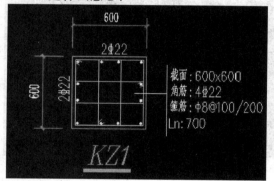

答： Ln：700 表示箍筋加密高度尺寸。

42. 问： 某工程下层为两端有暗柱，上层为两端无暗柱，剪力墙纵筋构造按设置插筋，计算结果下层暗柱纵筋全部打弯封顶；上层剪力墙在暗柱位置不计算插筋，为什么纵筋不向下计算锚固长度？

答： 同种构件上下层之间设置插筋，软件才会计算，把上层暗柱位置的剪力墙还设置成暗柱，纵筋输入剪力墙的垂直筋直径，箍筋信息不输入，这样计算后就有插筋了。

43. 问： 下图箍筋怎样定义？

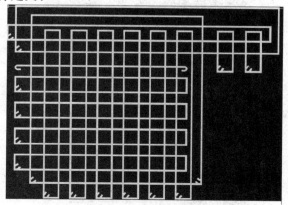

答：把属性里的截面编辑一栏选择是，然后在截面编辑器里采用布置边筋和布置角筋的功能布置柱纵筋，用矩形和直线的功能布置箍筋和拉筋。如下图所示。

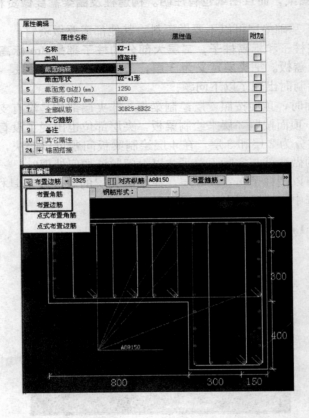

44. 问：图集 04G101-3 第 27 页注 2 中，机械锚固箍筋间距不大于纵向钢筋的 5 倍，如何理解？

答：机械锚固时，箍筋的直径不小于纵向钢筋直径的 0.25 倍，箍筋的间距不大于纵向钢筋（也是批直径）的 5 倍。

45. 问：如图柱墩角的地方没有钢筋，施工时应该是有的，怎么回事？

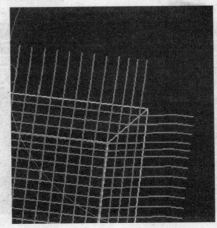

答：如果设计的有钢筋，就需要布置上去，如果设计没有就不需要，施工中这里可以没有钢筋。实际有时就需要有签证。要想绘制进去，就必须更改墩边角钢筋的布置，直接在这里加钢筋。

46. 问：柱钢筋量如何划分？

答：柱钢筋量按层来分，基础插筋算到基础顶标高向上一个连接区。然后1层的柱钢筋量也是算到1层顶标高向上一个连接区。

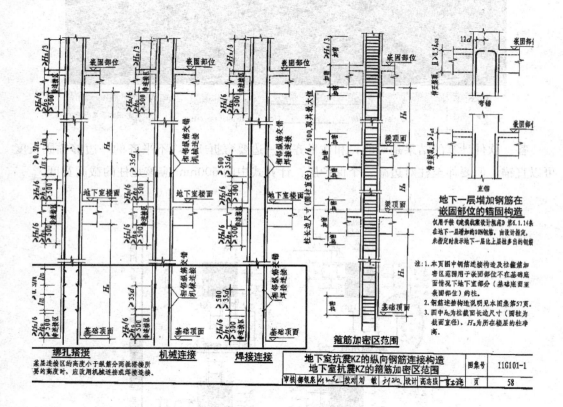

47. 问：在一个楼面中，有一边柱子要封顶，有一部分上面还要往上盖。怎样识别这一部分的边角柱？

答：在该层柱的界面点击"自动识别边角柱"按钮，并在把上层柱也布置好之后汇总计算，软件会自动识别哪些柱是封顶柱，哪些柱是边角柱，并按照顶层边角柱的计算规则自动计算。

48. 问：墙和框架柱钢筋节点构造，软件里面外侧钢筋为什么是到柱外边加 15d，而内侧水平筋是直接到梁边没有加 15d？

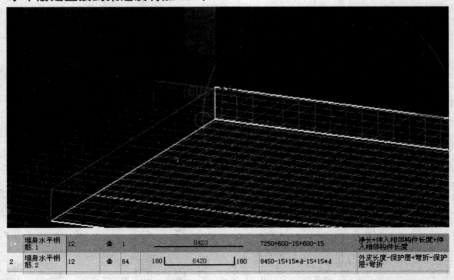

	墙身水平钢筋.1	12	Φ	1		8420			7250+600-15+600-15	净长+伸入相邻构件长度+伸入相邻构件长度
2	墙身水平钢筋.2	12	Φ	64	180	8420	180		8450-15+15*d-15+15*d	外皮长度-保护层+弯折-保护层+弯折

答：软件计算的结果是对的，和柱平齐的一边要弯折 15d，不平齐的一边够锚固长度可以直锚，但要伸至柱对边减一个保护层，计算式中的 600mm 应该是柱的截面宽度。

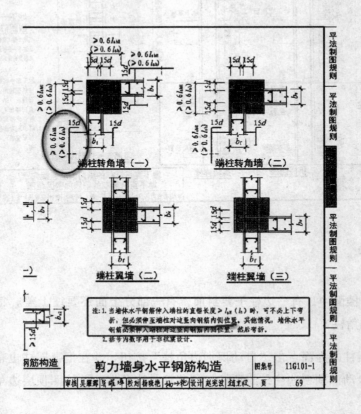

49. 问：广联达钢筋 GFY2012 计算公式为什么没有箍筋弯曲调整值？2009 钢筋算量里面都减掉了 3 * 1.75d，弯钩也是 11.9d。

筋号	级别	直径(mm)	图号	图形	计算公式	公式描述	下料长度	根数	变征
1	Φ	25	1	2980	2980	层高-保护层	2980	28	
2	Φ	10	195	190 〔1060〕	2*190+2*1060+20*d		2700	124	
3	Φᴿ	10	195	1060 〔1060〕	2*1060+2*1060+20*d		4440	31	

答： 广联达钢筋 GFY2012 计算箍筋有两种方式，一是按箍筋外皮尺寸计算，二是按箍筋内皮尺寸计算，软件默认的是按外皮尺寸计算，该计算方式不考虑弯曲调整值。

截图中的箍筋就是按外皮尺寸计算的，所以箍筋的下料长度没有考虑弯曲调整值。

箍筋弯钩设置	拉筋弯钩设置	弯曲调整	

箍筋弯钩

	钢筋直径	90°	135°	180°
1	— HPB235, HPB300			
2	— 4	10d/20d	10d/20d	10d/20d
3	— 6	10d/20d	10d/20d	10d/20d
4	— 6.5	10d/20d	10d/20d	10d/20d
5	— 8	10d/20d	10d/20d	10d/20d
6	— 10	10d/20d	10d/20d	10d/20d
7	— 12	10d/20d	10d/20d	10d/20d
8	— HRB335, HRBF335			
9	— 8	10d/20d	10d/20d	10d/20d
10	— 10	10d/20d	10d/20d	10d/20d
11	— 12	10d/20d	10d/20d	10d/20d
12	— 14	10d/20d	10d/20d	10d/20d
13	— HRB400, HRBF400, RRB400			
14	— 8	10d/20d	10d/20d	10d/20d
15	— 10	10d/20d	10d/20d	10d/20d
16	— 12	10d/20d	10d/20d	10d/20d
17	— 14	10d/20d	10d/20d	10d/20d
18	— HRB500, HRBF500			
19	— 8	10d/20d	10d/20d	10d/20d
20	— 10	10d/20d	10d/20d	10d/20d
21	— 12	10d/20d	10d/20d	10d/20d
22	— 14	10d/20d	10d/20d	10d/20d

箍筋、拉筋尺寸计算方式
◉ 按外皮尺寸计算　　○ 按内皮尺寸计算

直筋弯钩
直筋180° 弯钩长度　6.25d

□ 箍筋、拉筋弯钩平直段计算按图元抗震考虑

50. 问：约束边缘暗柱的约束区域拉钩在软件中如何定义？

答： 定义的时候选择参数化暗柱，如下图所示，可以直接输入约束边缘暗柱的约束区域拉钩的信息，软件会自动计算。

第3章 柱

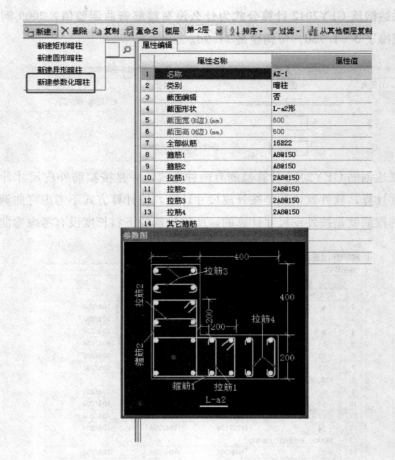

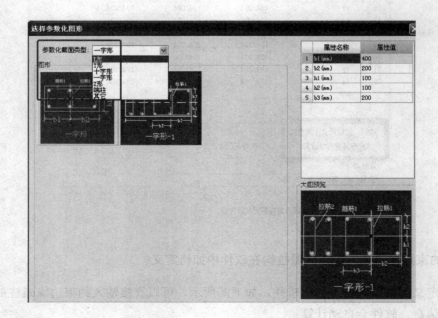

51. 问：楼层设置里面柱纵筋长度和墙垂直筋长度有什么作用？

答：楼层设置里面柱纵筋长度和墙垂直筋长度是用来设置柱墙纵筋露出楼面的高度的。比如如果输入 1000.00/2000.00，那么汇总计算后纵筋在该层的露出高度就分别是 1000 和 2000。

它有多种输入方式，具体如下图所示。

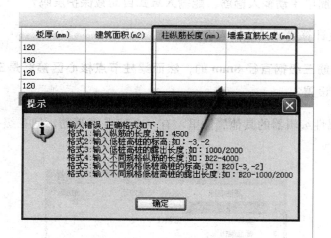

52. 问：加强箍的搭接长度是多少？

答：加强箍其搭接长度≥L_{aE}（L_a）且≥300，如下图所示。

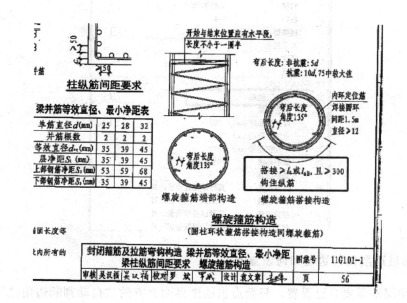

53. 问：钢柱如何从图形中转换成吨？

答：在构件做法里，工程量代码用柱高度＊型钢的理论重量即可。

54. 问：上柱钢筋直径比下柱钢筋直径大，该怎样计算？

答：可以通过节点设置来计算不同直径的钢筋重量。

55. 问：在其他钢筋中手动输入箍筋，能输入算式自动减保护层吗？

答：不能输入计算式，只能输入有效数字。

56. 问：框架柱箍筋三级钢直径 **8mm** 的，然而梁柱节点核心区箍筋是三级钢直径 **16mm** 的，如何设置？

答：在柱的属性编辑器的其他属性里，有一个节点区箍筋，把三级钢 16 的信息在那里输入即可。

57. 问：异形柱顶层角柱边柱如何设置？

答：在顶层不需要自己设置，只要点击绘图界面上方的"自动判断边角柱"即可，软件会自动识别。

广联达 GFY2012 钢筋翻样软件应用问答

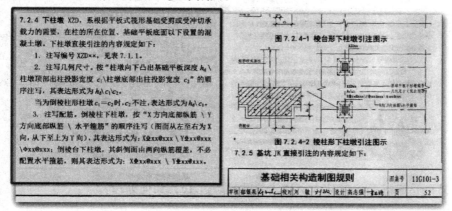

58. 问： 以下标注是什么意思：XZD -1；400 \ 1400；XC16@100 \ YC16@100；C12@250？

答： 这是下柱墩的平法表示，参考截图。

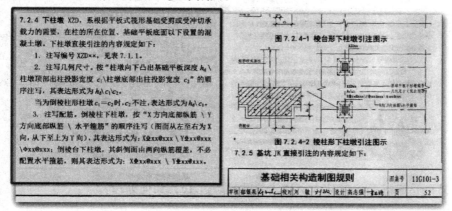

59. 问： 两层地下室，基础层框架柱柱顶标高应该输入哪个标高的位置？地下部分有插筋。

答： 基础层框架柱柱顶标高应该输入基础的顶标高，另外还可以在楼层设置里设置一下框架柱露出基础的高低桩高度，这样，如果基础顶标高只有一个，那框架柱的插筋就在同一个标高上了。这样基础层柱计算出来的结果就是框架柱插筋的长度。

楼层设置如下图所示。

60. 问： 框支柱和梁上柱有什么不同？

答： 因为建筑功能要求，下部大空间，上部部分竖向构件不能直接连续贯通落地，而通过水平转换结构与下部竖向构件连接。当布置的转换梁支撑上部的剪力墙时，转换梁叫框支梁，支撑框支梁的柱子就叫做框支柱。

由于某些原因，建筑物的底部没有柱子，到了某一层后又需要设置柱子，那么柱子只能从下一层的梁上生根了，这就是梁上柱。

61. 问：某些地方柱子纵筋上层露出长度与下层露出长度不同时，手算钢筋长度会发生变化，与广联达软件计算结果不符，是怎么回事？

答：软件里可以每层设置露出的长度值，不按软件里默认的值也是可以处理的。

62. 问：广联达钢筋翻样软件中，柱箍筋肢数超过 10，如何处理？

答：柱箍筋超过 10 肢时，在属性的截面编辑下拉选择"是"，用画线的方法布置箍筋。

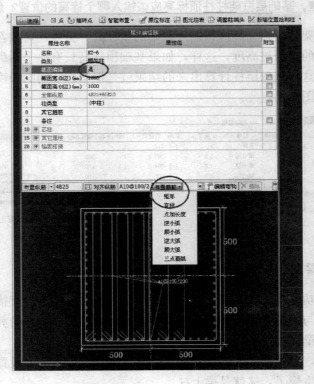

63. 问：面筋和负筋、分布筋分别在哪里定义？

答：面筋是在板受力筋中定义的，定义时选择【面筋】；负筋在板负筋中定义；分布筋是在负筋属性中设置的。

64. 问：柱表里标注的主筋大小，与图纸上主筋的大小对不上怎样解决？

答：柱表里的主筋标注与图纸上的主筋标注不一样时，必须咨询设计人员，一般考虑用柱表里的，注意看一下柱表里有没有标高范围，有时不同标高范围内的配筋是不同的。

65. 问：关于参数化柱纵筋画法，图纸上的端柱图如图所示，该怎样正确定义？

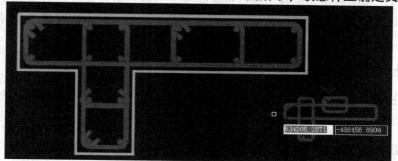

答：选择截面编辑为是，然后先布角筋，再布边筋，选如 2B25，点在长边上就可以布上。多余的可以删除。

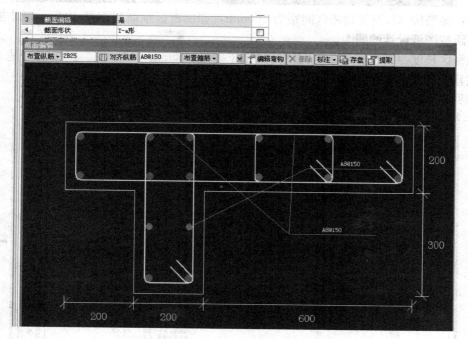

66. 问：柱竖向钢筋搭接为什么在同一位置？

答：需要设置连接区的，可以用编辑钢筋处理。

第3章　柱

67. 问：在圆上怎样绘制柱？

答：首先要有坐标轴网，有了轴网，就可以按图中的坐标点画到图中了。

68. 问：箍筋间距输入正确，为什么计算的箍筋会多？

答：各跨的箍筋加密部位都要＋1根计算的。

69. 问：扶壁柱与端柱重叠，该怎样定义？

答：首先看一下图纸里有没有要求两种类型的柱子主筋要全部布置，如果是主筋不重叠布置时，可以把两种类型的柱子合并起来定义，这样在软件里就可以处理了；如果两种类型的柱子的主筋全部要布置的话也是可以合并在一起定义的，在定义主筋时输入总的主筋根数即可。

70. 问：墙上有半个倾角斜托板柱帽时该如何定义？

答：按图纸中的尺寸要求正常的（完整的柱帽）方法定义，布置后软件会自动按柱帽所在的位置计算的，软件完全可以自动处理好。

71. 问：下图中箍筋按 KL 设置加密区间距为 100mm 是什么意思？按间距 100mm 设置时，加密区长度怎么判断？

5.当L一端与框架梁连接,一端与梁连接时,在框架梁支座处,箍筋按KL设置加密区间距为100mm.

答：箍筋按 KL 设置加密区间距为 100mm，即加密区箍筋间距是 100mm，非加密区箍筋间距按图纸设计的间距。

加密区长度一级抗震是 2 倍的梁高且大于等于 500mm，二、三、四级抗震是 1.5 倍的梁高且大于等于 500mm。

详见 11G101-1P85 相关箍筋加密区长度的说明。

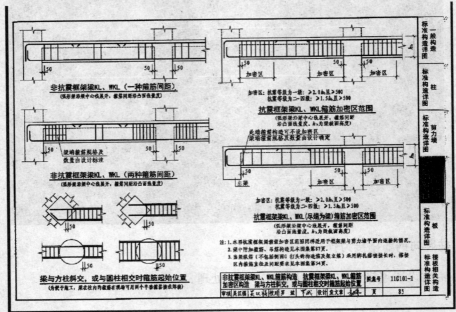

72. 问：为什么 GZ 画图计算后会有插筋？

　　答： 在定义构造柱时，在属性中设置了插筋，如果不想要插筋，可以直接改成纵筋锚固即可。

在定义构造柱时，在其他属性中，软件默认的是按设置插筋来设计，如果你不想要插筋，点后边的三小点，在下拉菜单中选择纵筋锚固。

73. 问：一根构造柱 3m 高，在画图时怎样设置柱插筋？

　　答： 选择构造柱—属性—其他属性—设置插筋即可。

74. 问：为什么柱的排列图里钢筋长度和加工表、报表的长度不一样？

　　答： 加工表、报表里的尺寸都是要通过汇总计算才得出的，点击柱重新计算，排列图里的尺寸是改变了，但加工表、报表里的尺寸并没有改变，所以柱在排列图里钢筋长度和加工表、报表的长度不一样。需要把每一个柱子点击排列图，等于是汇总计算了一遍后，排列图里钢筋长度和加工表、报表的长度才一样。

75. 问：钢筋放样时为什么提示直筋计算结果小于 0 ？

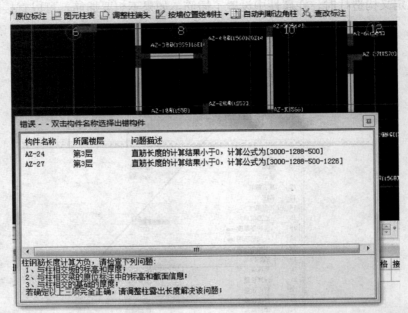

答： 把高低桩的高度调成 500/1000，另外选中该柱，点开属性编辑框—其他属性—搭接设置，把该柱的连接形式改成绑扎即可。

广联达GFY2012钢筋翻样软件应用问答

76. 问：围墙立柱伸缩缝该怎样计算？

答： 围墙立柱伸缩缝按柱子的高度延长米计算即可。伸缩缝间距参考《混凝土结构设计规范》P101，构造规定，8.1 伸缩缝，伸缩缝图集 GB04CJ01-1、GB04CJ01-2、GB04CJ01-3。

77. 问：下图柱墩能用柱墩构件输入吗？

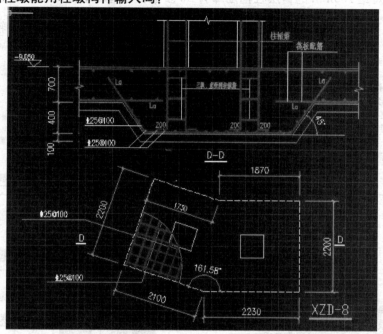

答： 在基础层选择基础板带，新建柱下板带，输入相应的附加钢筋信息，然后绘图。定义完后，在绘图界面可以选择直线画，筏板画完的情况下也可以选择按轴线生成柱下板带。还可以参看 GFY2010 文字帮助。

	属性名称	属性值	附加
1	名称	ZXB-1	
2	板带厚度(mm)	(120)	☐
3	板带宽度(mm)	3000	☐
4	轴线距板带左边线距离(	(1500)	☐
5	下部受力筋	B12@200	☐
6	上部受力筋	B12@200	☐
7	备注		
8	⊟ 其它属性		
9	其它钢筋		
10	汇总信息	基础板带	
11	底标高(m)	层底标高	☐
12	计算设置	按默认计算设置计算	
13	节点设置	按默认节点设置计算	
14	搭接设置	按默认搭接设置计算	
15	受力筋调整长度(mm)		☐
16	⊞ 锚固搭接		

78. 问：柱墩底板 X、Y 向钢筋和斜面水平筋不一样时该如何输入？

答：软件里不可以直接处理，只能汇总计算后把不一样长的那种主筋修改一下规格。如果间距不同还要把根数调整一下。

79. 问：某工程层高 3m、间距 100mm 的基础层暗柱箍筋只显示定位的 2 道，而 2.8m 层高、间距 100mm 的首层柱箍筋却有 50 多道，怎样准确计算基础层柱箍筋个数？

答：没有负一层的柱软件会把箍筋汇总在首层，另外柱纵筋采用搭接时箍筋加密也会影响数量。

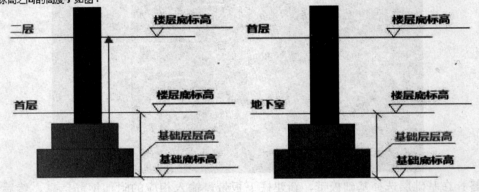

80. 问：构造柱参数图里的图示钢筋与属性里的数量为什么不一样？

答：参数图里的点与配筋的根数没有关系，只要在全部纵筋里或者边、角筋里定义好主筋根数即可。

81. 问：某地下室和正负 0 以上是分两个人进行钢筋算量计算，首层柱需要插筋，插筋如何定义？

答：两个人做的工程为了准确算量，做好后可以合并起来。首层柱计算插筋，可以在下边定义一个素混凝土基础。

82. 问：构造边缘暗柱、构造边缘转角柱、构造边缘端柱分别在哪里定义？

答：构造边缘暗柱、构造边缘转角柱、构造边缘端柱都在墙—暗柱界面定义，只是构造边缘端柱在暗柱界面选择端柱即可。

83. 问：下图利用构造柱截面编辑功能怎样才能把中心的纵筋编辑进去？

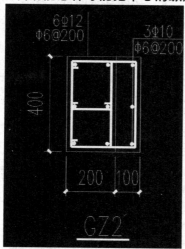

答：布置角筋、边筋，绘制箍筋，然后再用对齐纵筋功能即可。

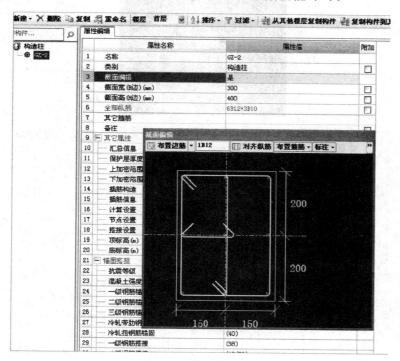

84. 问：有人防要求的墙柱钢筋怎样绘图和计算？

答：软件中有人防门框墙，如果不能满足需求可以在单构件中输入计算。

85. 问：某工程层高 8.1m，柱子 0～4.5m 箍筋为 A10@100/200，4.5～8.1m 箍筋为 A10 @100，柱表中只提示 0～4.5m 中的箍筋为分层 1，后面的不提示，该怎样处理？

答：可以将该柱设置成 2 个柱（如果设置同一个柱子，那么两种箍筋规格就无法区分，箍筋是共有属性），下柱顶标高范围设置成0~4.5m，上柱顶标高设置成4.5~8.1m，只要把两个柱的箍筋信息修改一下，绘图计算即可。

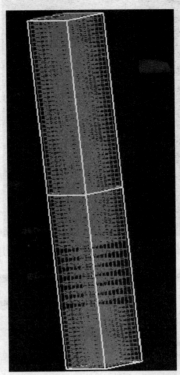

	属性名称	属性值	附加
2	类别	框架柱	☐
3	截面编辑	否	
4	截面宽(B边)(mm)	1200	☐
5	截面高(H边)(mm)	1200	☐
6	全部纵筋		☐
7	角筋	4B22	☐
8	B边一侧中部筋	8B20	☐
9	H边一侧中部筋	8B20	☐
10	箍筋	A10@100/200	☐
11	肢数	8*8	
12	柱类型	(中柱)	☐
13	其它箍筋		☐
14	备注		☐
15	⊞ 芯柱		
20	⊟ 其它属性		
21	节点区箍筋		☐
22	汇总信息	柱	☐
23	保护层厚度(mm)	(30)	☐
24	上加密范围(mm)		☐
25	下加密范围(mm)		☐
26	插筋构造	设置插筋	☐
27	插筋信息		☐
28	计算设置	按默认计算设置计算	☐
29	节点设置	按默认节点设置计算	☐
30	搭接设置	按默认搭接设置计算	☐
31	顶标高(m)	4.5	☐
32	底标高(m)	层底标高	☐
33	⊞ 锚固搭接		

86. 问：在楼层中框架的端支座小于 0.4L$_{aE}$时，下部钢筋锚固如何处理？

答：框架梁的支座小于 0.4L$_{aE}$时，先考虑用机械锚固，如果机械锚固还达不到要求，建议咨询设计人员，按总锚固计算，差多少弯多少。

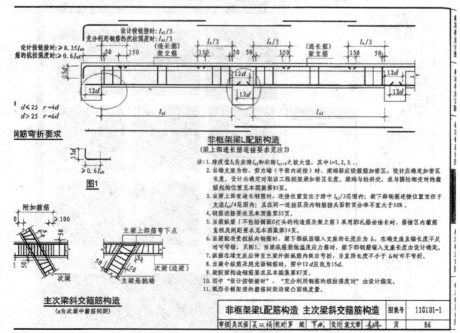

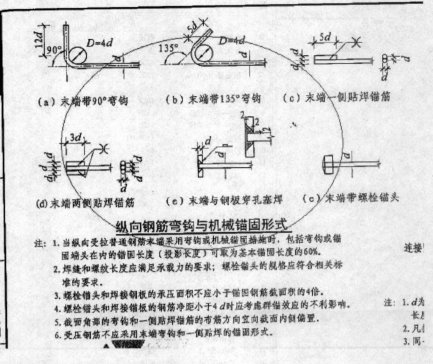

（a）末端带90°弯钩　　（b）末端带135°弯钩　　（c）末端一侧贴焊锚筋

（d）末端两侧贴焊锚筋　　（e）末端与钢板穿孔塞焊　　（c）末端带螺栓锚头

纵向钢筋弯钩与机械锚固形式

注：1. 当级向受拉普通钢筋末端采用弯钩或机械锚固措施时，包括弯钩或锚固端头在内的锚固长度（投影长度）可取为基本锚固长度的60%。

2. 焊缝和螺纹长度应满足承载力的要求；螺栓锚头的规格应符合相关标准的要求。

3. 螺栓锚头和焊接钢板的承压面积不应小于锚固钢筋截面积的4倍。

4. 螺栓锚头和焊接锚板的钢筋净距小于4d时应考虑群锚效应的不利影响。

5. 截面角部的弯钩和一侧贴焊锚筋的布筋方向宜向截面内侧偏置。

6. 受压钢筋不应采用末端弯钩和一侧贴焊的锚固形式。

87. 问：底板下的基坑带柱帽该怎样定义？

答： 柱帽用柱墩代替，有不同形状的柱墩供选择。

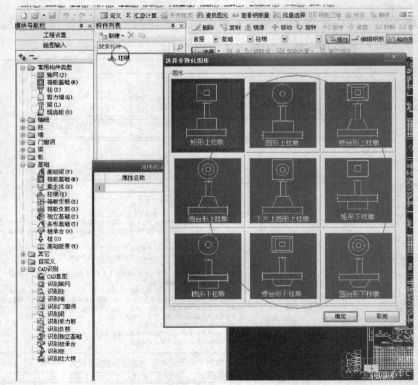

70

88. 问：柱上的八角箍筋如何定义？

　　答：柱内的八角箍，在柱属性的"截面编辑"下拉选择"是"，就可以采用直线画了。如果是悬挑梁，就要在梁属性的"其他箍筋"中编辑。

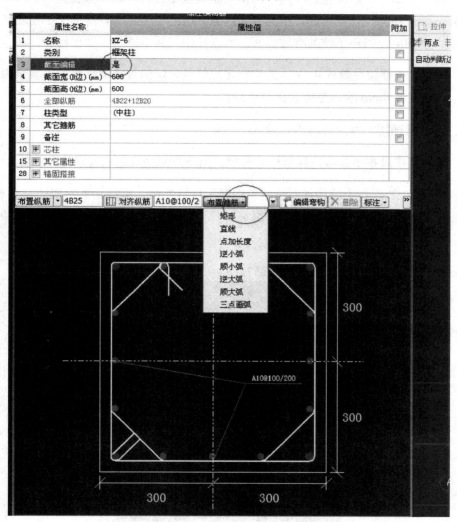

89. 问：独立基础上面是短柱，短柱上是钢柱，怎样输入独立基础和短柱，不需要基础插筋而直接到柱顶？

　　答：分别定义独立基础和柱，柱底标高为独立基础底标高，顶标高为设计标高，在"其他属性"中把"插筋构造"选为"纵筋锚固"，分别绘制即可。

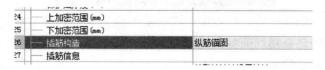

90. 问： 为什么柱中拉筋不能勾住外皮箍筋？

答： 柱中拉筋（包括箍筋）的作用，主要是将柱中主筋骨架形成一个整体，提高构件抗扭曲的能力。所以拉筋（包括箍筋）的作用点是柱受力筋，而非箍筋。

另外，如拉筋勾住外皮箍筋，则为了满足保护层的厚度要求，而加大了主筋实际的保护层厚度，也相应地减小了柱的有效截面，所以柱中拉筋不能勾住外皮箍筋。

91. 问： 某工程里框架柱箍筋 6 * 6，但外封闭箍筋是一级钢直径 **10mm** 的，其余内箍是一级钢直径 **8mm** 的，怎样定义和绘制？

答： 这就需要用＋号连接输入：输入 A10@100/200＋A8@100/200。

92. 问： 某柱钢筋排布图怎么只显示柱的形状，而不显示柱纵筋的连接排布呢？

答： GFY2012 软件中的柱排布图是可以显示柱纵筋的，可能是下一层的柱没有计算，而要显示的是上层的柱，这样是看不到纵筋的，要想看某层的柱纵筋排布图，必须某层以下的所有层柱都要汇总计算。

93. 问： 下图的暗柱怎么布置箍筋和拉筋？

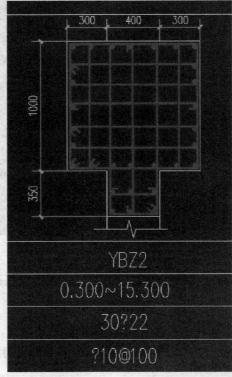

答： 这种柱的箍筋或拉筋，在属性中输入是无法完成的，除非个别是在"其他箍筋"中编辑。最好的方法是在属性的截面编辑下拉选择"是"，就可以编辑不同的纵筋，用矩形或直线，布置箍筋和拉筋。

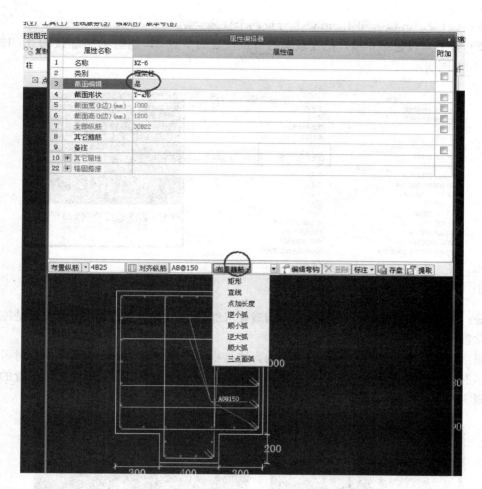

94. 问：高低跨中一柱子—4.5 处分成两个柱子，而钢筋直通，中间是收缩逢，在钢筋翻样软件中如何处理？

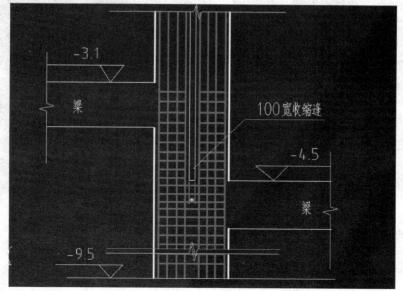

答：（1）4.5m 以下和 4.5m 以上分成两个柱来绘制。

（2）在节点设置第 6 项，把变截面的节点设置为节点 3，然后 $1.5L_{aE}$ 改为 0，12d 改为 0，如下图所示。

95. 问：抱框柱与构造柱构造一样吗？

答：不一样的，构造柱是根据结构构造要求加设的，多数为抗震构造要求，是施工中必须设置的。

而抱框柱是为便于门窗固定而设置的，这是根据设计或施工需求而定的，有时可以采取灌芯混凝土，原来还有预埋防腐木砖等方法满足门窗固定的要求，不是必须设置的，只要能固定住门窗即可。

抱框柱

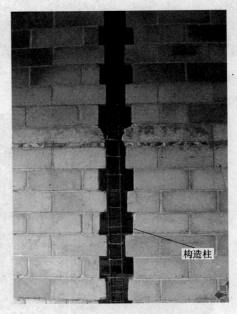

构造柱

96. 问：车站路基独立基础上有两个短柱时该如何绘制？

答：分别分单元绘制组合即可。

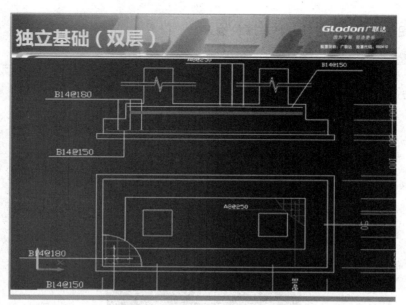

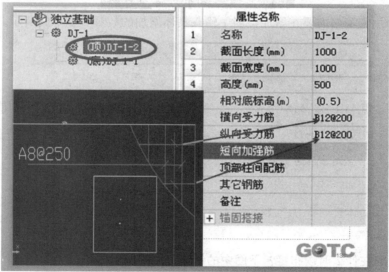

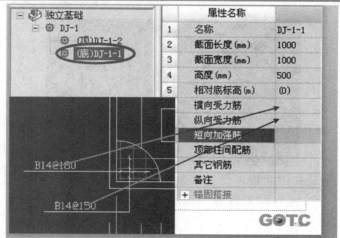

广联达GFY2012钢筋翻样软件应用问答

97. 问：下图一跨内多个箍筋怎样在原位输入？

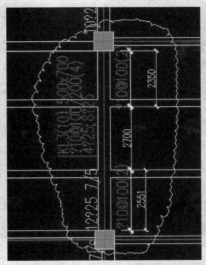

　　答：这种加密箍筋需要在增加箍筋中输入具体增加的数量。如下图所示。

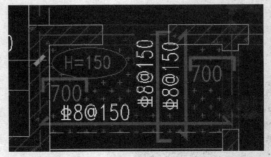

98. 问：温度筋在什么时候布置？下图中的钢筋是面筋吗？

　　答：温度筋一般是在屋面板未设置贯通面筋（仅配置负筋）的情况下设置。图中 Y 向面筋是贯通面筋，X 向未设置贯通面筋，设计要求增加温度筋的话，X 向应配置温度筋。

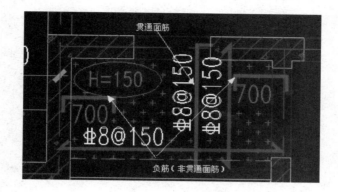

第 4 章

墙

1. 问：内窗台距地距离应该根据哪张图纸？

答： 建筑剖面图或者墙面立面图，以及窗的高度（门窗表），也可以外墙立面图，用比例尺量。

2. 问：剪力墙竖向与水平筋内外侧钢筋直径不一样时如何输入？

答： 剪力墙竖向与水平筋内外侧钢筋直径不一样时，可以按此格式输入：（1）B14@150＋（1）B12@150，加号前为按绘图方向的墙外侧钢筋，加号后为按绘图方向墙内侧的钢筋。

3. 问：剪力墙上定义结构洞后门窗无法输入是怎么回事？

答： 因为门窗和洞口都是一个构件，所以是重叠布置。
不用布置洞口，直接布置门构件即可。

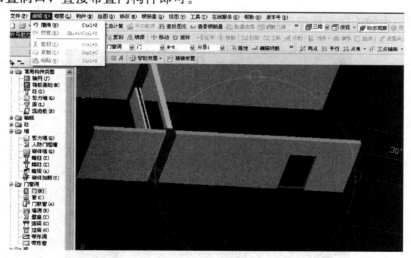

4. 问：什么是剪力墙？

答：（1）剪力墙不能随便拆除，剪力墙任意拆除会带来建筑物的安全隐患。剪力墙之外的一般墙体，如填充墙、轻质隔墙是可以随便拆除的。

（2）剪力墙是用混凝土浇筑而成的，并且有配筋，一般的填充墙是用空心砖等砌成的。

（3）剪力墙是建筑结构的承重受力构件，它与梁板柱等共同组成建筑物的受力体系。填充墙不是承重构件，只起着围护和分隔空间的作用。

（4）剪力墙常见于10层以上的建筑物，特别是电梯间的墙，还有楼房边角处的较为完整的墙体（即门窗洞口较少）。也就是说，10 层以下的建筑，一般没有剪力墙。

（5）生活中，当要在墙上钉铁钉或者装修时钻洞安装插座时，发现墙很硬很难钻进去，可能那片墙就是剪力墙了。

5. 问：门窗洞口上、下都加 2 根 A6 的钢筋，在广联达软件中如何定义和绘制？

答：在定义门窗洞口时有一个加强筋，有一个斜加筋，在下面"其他钢筋"处选择即可。长度按洞口长度＋200，类似单构件输入，选 1 号钢筋即可。

6. 问：剪力墙中箍筋与水平筋采用 A＋B 格式时如何计算？

答：按 A12@150＋B14@200 的格式输入即可。

7. 问：人防门框墙和剪力墙钢筋怎样连接？

答：人防门框墙与剪力墙钢筋连接是剪力墙钢筋锚入人防门框墙，也就是在剪力墙上布置人防门框墙。

8. 问：短肢剪力墙中，约束边缘构件怎样绘制？

答：约束边缘构件最准确的做法是和暗柱合并在一起定义，定义时输入总的竖筋根数，不好直接定义的箍筋和拉筋在其他箍筋里输入。这样约束边缘内的拉筋和墙里的拉筋才不会重复计算。

9. 问：下图挡土墙的钢筋应该如何布置？

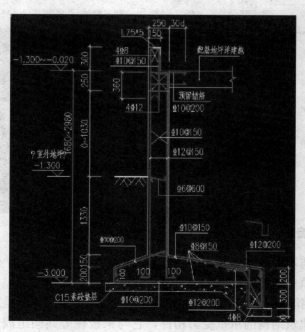

答：下图中圈内钢筋，在条形基础属性的其他钢筋中编辑，而它们的分布筋，并入条形基础的分布筋中输入。

广联达GFY2012钢筋翻样软件应用问答

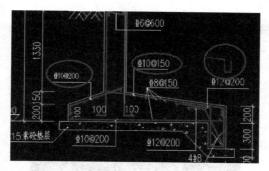

10. 问：地下室外墙内外侧钢筋不同，在属性中怎样设置？

答：内外侧钢筋不同时就用＋号连接输入。如果相同就输入（2）A10@200，表示2排钢筋都是 A10 的间距 200mm 布置。不同时就输入（1）A10@200＋（1）A8@200，表示两排钢筋不同，分别是 A10 与 A8 的，间距都是 200mm。

11. 问：飘窗用带形窗绘制可以吗？

答：在 GFY2012 中没有必要绘制飘窗，只需要绘制飘窗板和空调板（即飘窗的雨篷），如果是填充墙则要绘制带雨篷梁，有的仅绘制构造梁套飘窗板。如果是剪力墙就开个洞，在上、下绘制板。飘窗的绘制是在 GCL 中算量时必须用的。如果在 GFY 中生成飘窗还很容易让 GFY 程序假死。

12. 问：剪力墙拉筋隔二拉一，梅花形布置怎样设置？

答：设置的拉筋间距，是根据设计的剪力墙纵筋和水平筋进行设置，如纵筋间距是150mm，水平筋间距是200mm，那么拉筋的间距设计是 A8-300 ＊ 400，梅花布置可以在工程设置中调整好。

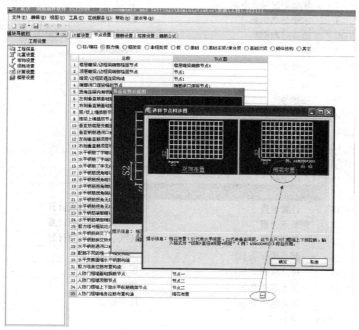

13. 问：剪力墙上面 2 根和下面 2 根在 GFY2010 里怎样输入？

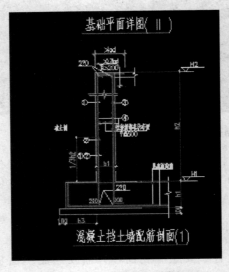

答： 假设上下都是2C20，则在剪力墙的属性里的压墙筋一栏输入上下的总根数，如果上下的压墙筋规格不一样，可以用＋号连接。

具体如下图操作。

	属性名称	属性值
1	名称	JLQ-1
2	厚度(mm)	200
3	轴线距左墙皮距离(mm)	(100)
4	水平分布钢筋	(2)C14@150
5	垂直分布钢筋	(1)C18@200+(1)C12@100
6	拉筋	A6@400*450
7	归类名称	(JLQ-1)
8	备注	
9	墙编号	
10	其它属性	
11	其它钢筋	
12	汇总信息	剪力墙
13	保护层厚度(mm)	(15)
14	压墙筋	4C20
15	纵筋构造	纵筋锚固
16	计算设置	按默认计算设置计算
17	节点设置	按默认节点设置计算
18	搭接设置	按默认搭接设置计算
19	起点顶标高(m)	层顶标高
20	终点顶标高(m)	层顶标高
21	起点底标高(m)	层底标高
22	终点底标高(m)	层底标高
23	锚固搭接	

属性编辑

14. 问：下图墙体怎样建模？

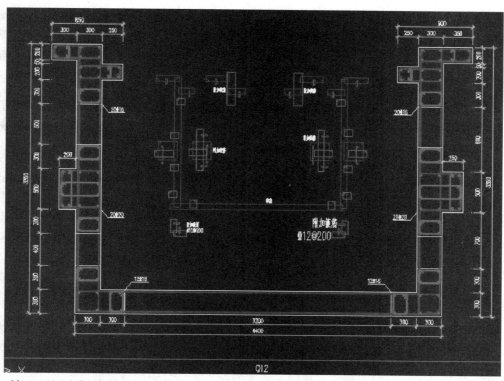

答：下图中框线部分用暗柱定义，其余部位用剪力墙定义。

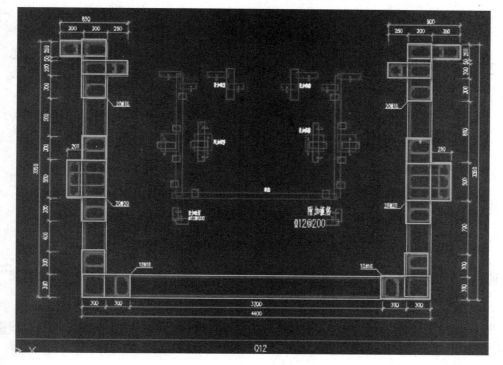

15. 问：GFY2012 模数设置中钢筋的模数为什么不能取小于 **500mm** 的数值？

答：软件里长度小于 500mm 的钢筋按废料处理，所以模数设置里不能取小于 500mm 的数值。有 90°弯钩的钢筋断料长度都是 9010mm，这个 10mm 在实际施工中可以不予考虑，而且这个下料长度 9010mm 还没有考虑弯曲调整值，实际施工中考虑弯曲调整值后就没有这么长了。

16. 问：在结构首层底标高为一**0.13m**，框架梁高 **0.7m**，结构层高为 **4.6m**，现在窗子为 **3m** 高，一般窗离地面 **0.9m**，加上结构与建筑标高差值 **0.13m**（首层建筑标高正负 **0**），该如何计算？

答：结构首层底标高为一 0.13m，窗的底标高如果设计要求是 0.9m（一般设计是按建筑标高设计窗的底标高），在结构层中输入窗的底标高就应是 0.9m＋0.13m。工程中结构标高的层高和建筑层高应是统一的，如层高为 4.6m，在结构中首层结构到二层结构也应是 4.6m，等于建筑中的层高（二层也是建筑标高减楼面做法厚度，当然楼面厚度可能和首层地面厚度不一样，只要弄清楚楼面做法厚度，在定义层高时正确输入层高即可，看定义时是否统一以结构或建筑标高定义的楼层）。问题的计算式中，4.6m 应是计算到二层建筑标高，因为首层窗中已加上了建筑地面做法。

17. 问：飘窗有很多构件组成，每次绘制飘窗都要定义相同的顶板和底板标高以及翻边线条，如何将组成飘窗的这些构件设置成块，调用时可以插入到相应位置进行修改？

答：将构件选中，复制到其他楼层；或者保存为块，下次用时提取。

18. 问：某工程一片剪力墙上有两个电洞，一个是强电洞，一个是弱电洞，一个高，一个矮，层高在 **GFY2010** 中该怎样定义？

答：定义洞口时把洞口的标高定义上，就可以在一个截面里布置多个洞口了。

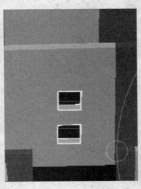

19. 问：钢筋翻样软件中剪力墙外侧的下部有一排加强筋（**B20-200**），在"其他钢筋"里找不到这种钢筋的形状怎么办？

答：剪力墙底部 B20-200，在其他属性中的其他钢筋里选择 18 筋来代替竖向的垂直加强筋输入。

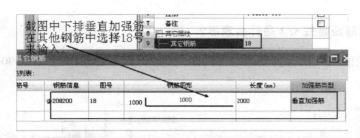

截图中下排垂直加强筋
在其他钢筋中选择18号
来输入。

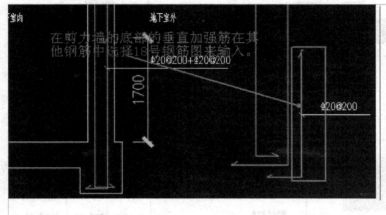

在剪力墙的底部的垂直加强筋在其
他钢筋中选择18号钢筋图 来输入。

20. **问**：剪力墙 **T** 形暗柱墙肢太长，水平筋需要伸到暗柱端部，可以在 **L** 形转角位置弯折吗？

　　答：暗柱不是剪力墙的支座，它只是剪力墙的加强部位，水平筋一定要布置到暗柱的端部。

21. **问**：某楼层的墙是两种材料，绘制外墙保温时为什么只有上面的墙面能布置上？

　　答：外墙保温一般是用保温墙来定义，并在其中建立对应的保温墙单元，而不是单独布置保温层的。

22. **问**：外墙线条如何绘制？

　　答：外墙的线条可以用板画，也可以按梁来画，如果是和梁连在一起的可以自定义异形梁。

23. 问：剪力墙筋距暗柱 s/2 是什么意思？

答： 剪力墙的第一根垂直筋距暗柱的距离是 s，而不是 s/2，如 12G901-1 里的截图。

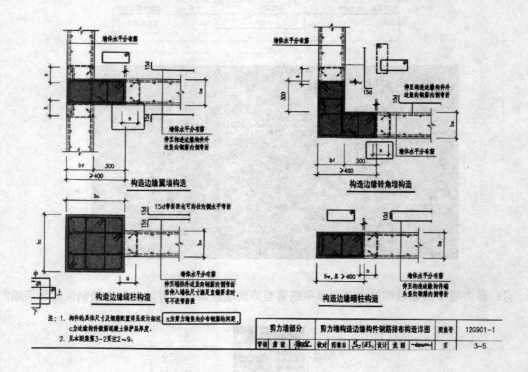

剪力墙部分	剪力墙构造边缘构件钢筋排布构造详图		图集号	12G901-1
审核 唐建	校对 肖雄东	设计	页	3-5

24. 问：钢筋翻样软件中短支墙偏移怎样操作？

答： 点击界面上方的偏移按钮，选中要偏移的墙，右键确认，然后点击左键输入偏移值即可。

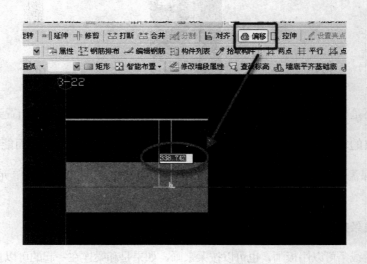

25. 问：钢筋混凝土烟囱在钢筋软件中怎样绘制？

　　答： 钢筋混凝土烟囱在钢筋软件中用混凝土剪力墙来画，如果是上小下大的用平均直径来处理，在混凝土墙中定义厚度并输入钢筋信息后在绘图区中用工具栏中的画圆来画。

26. 问：剪力墙如何添加附加筋，在其他钢筋里设置完成后，工程量是否会随剪力墙的长度变化？

　　答： 剪力墙的附加筋在其他钢筋中输入，如果是按间距输入设置完成后工程量是会随剪力墙的长度变化而变化的，如果按根数输入就不会变化。

27. 问：剪力墙垂直筋伸入筏板底时，弯折的方向和图纸对不上，怎样调弯折的方向？

　　答： 这个没有影响，只要弯折的长度正确即可。方向不对只是三维显示的问题。如果必须调整方向，可以在钢筋排布图里点击"设置弯折"按钮，点击要设置弯折的钢筋线，在出现的对话框中输入负值，弯折方向就变了。

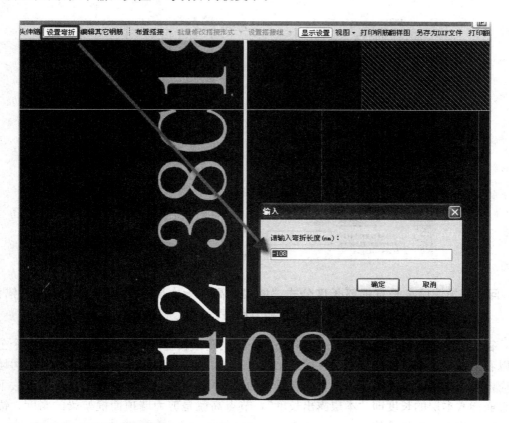

28. 问：墙体水平筋和垂直筋起步距离是多少？

　　答： 墙体水平筋起步距离为 50mm，垂直筋起步距离为垂直筋的一个间距。详见12G901-1 第 3-9 页和 3-5 页。

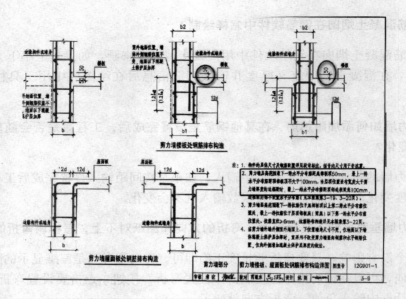

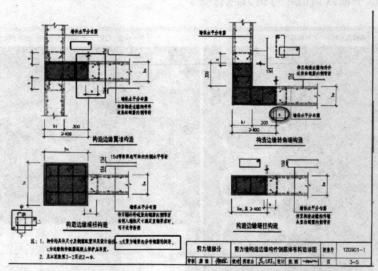

29. **问：剪力墙墙身垂直钢筋长度公式"墙实际高度－本层露出长度－节点高＋锚固"中，为什么要减掉本层露出长度和节点高？**

　　答：剪力墙墙身垂直钢筋：墙实际高度－本层露出长度－节点高＋锚固，从这个公式可以看出剪力墙垂直筋是采用的机械连接或电渣压力焊，而不是绑扎搭接；另外剪力墙顶部应该有框架梁，垂直筋是锚固在框架梁里的。这样剪力墙垂直筋的长度就是要减去下层垂直筋伸入本层的长度即"本层露出长度"，节点高就是剪力墙顶面框架梁的高度，锚固是从框架梁底开始计算的。

30. **问：框架-剪力墙结构的剪力墙中暗梁锚固如何计算？**

　　答：一般按规范要求计算伸至端部加 15d 弯钩。

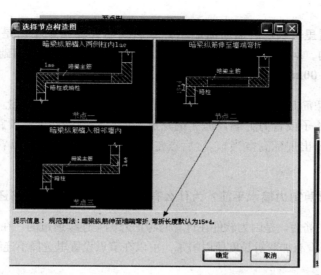

31. 问：人防门框墙里面顶部用无卧式梁，为什么计算出来的钢筋上口都是直的呢？

　　答： 这个构造是根据连梁的顶层构造来计算的，因为人防门框墙里面顶部用无卧式梁1的两端支座的宽度够梁纵筋的一个锚固，因此是直锚，不过支座位置需要布置箍筋。

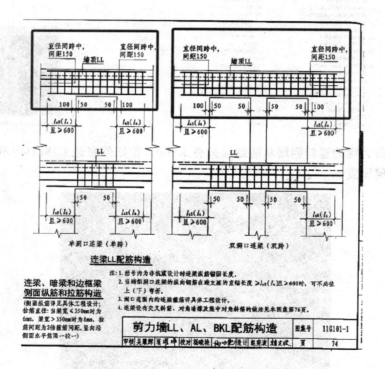

32. 问：桩基承台筏板基础的钢筋混凝土外墙基础是否从基础层开始绘制？

　　答： 桩基承台筏板基础的钢筋混凝土外墙基础是从基础层开始绘制的，可以参看施工图纸，有详细说明。

33. 问：在工程设置里基础已设插筋而汇总计算后插筋计算结果不对是怎么回事？（注：剪力墙结构，24 层，承台顶标高－3.2m，底标高－4.7m；基础梁－0.1m，没有地下室，0.00m 没有板）

答：首先基础插筋是在基础层或者首层中有的，可以在基础层画上柱子或者剪力墙，也可以在首层画上柱子或者剪力墙，但无论是那一层，绘制的柱子都要跟基础相连接（就是标高要相连，不要出现标高空当），然后点击柱子的三维钢筋就可以看见柱子插筋到基础里面去了。

34. 问：怎样正确计算剪力墙水平筋？为什么有时外侧钢筋比内侧钢筋还短一些？

答：外侧的水平筋短，是因为软件在计算时考虑外侧是连续通过的，在计算时伸到外大角处就断开了，两侧都没有加弯折长度所以短了。可以在节点设置里选择不连续通过即可。

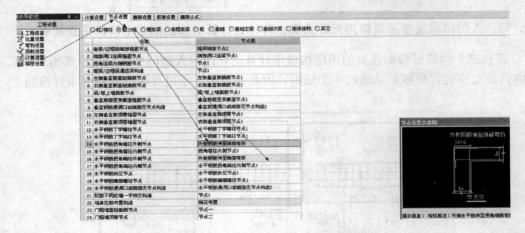

35. 问：图中剪力墙的竖向钢筋从底部起只有 1.8m，钢筋信息是 C18/16@80，在剪力墙中如何设置？

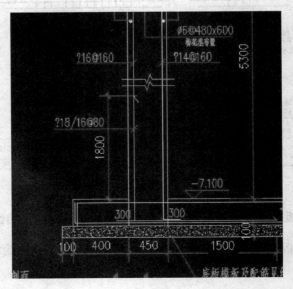

答： 剪力墙的竖向钢筋从底部起只有 1.8m，钢筋信息是 C18/16@80，表示墙竖向钢筋为 C16@160，墙底部竖向加强筋为 C18@160、高度为从基础面以上 1800mm，内墙竖向筋为 C14@160，墙竖向筋在基础底弯折 300mm，可在墙竖向的节点设置中把左侧和右侧垂直筋底部的锚固长度修改为 300mm。

36. 问：下图水平纵筋在四面墙怎样布置？

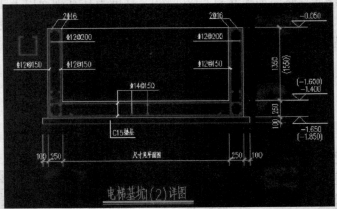

电梯基坑(2)详图

答：一般是外侧的做成 U 字形，错开搭接于长的一边，内侧的每边单独绘制，长度是边长减两倍的保护层，端部弯折 15d。

37. 问：（1）某工程地下二层，地上十八层，上人屋面。剪力墙结构，只有墙体平面图和楼梯结构平面图，没有单独的梁图。

（2）结构设计说明中，本工程混凝土主体结构体系及抗震等级：剪力墙三级，底部加强部位 1～3 层。

（3）结构设计说明中，墙体结构及楼板结构从二层开始就是标准层的（一层仅是单元门处局部不同），混凝土等级是从正负零开始为 C25。

结构设计说明中的底部加强部位 1～3 层，钢筋方面应怎样考虑加强？

答：底部加强部位在 11G101 新平法里主要就是垂直钢筋的连接位置不同，因为该工程剪力墙是三级抗震，而不是二级抗震，所以底部加强部位和上部结构做法应该没有什么不同，只要按图施工即可。

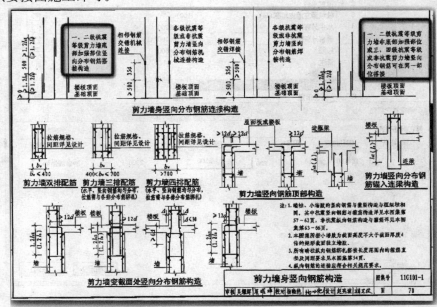

38. 问：下图挡土墙在广联达软件中如何布置钢筋？

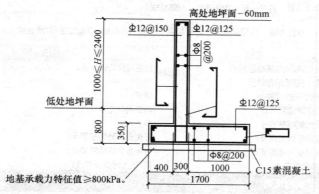

答：基础用基础梁来定义，属性里上下通长筋各输入 9A8，箍筋输入 B12@150，然后用直线布置。

挡土墙用剪力墙定义，垂直筋的弯折可以在节点设置里调整。

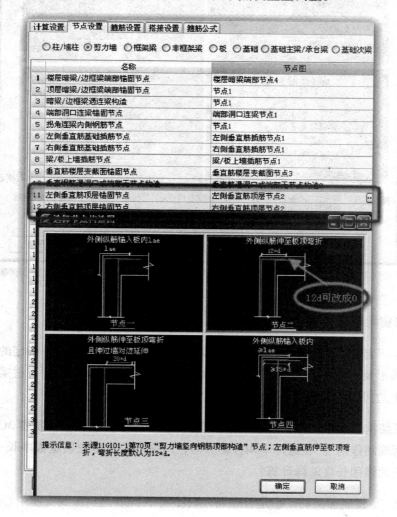

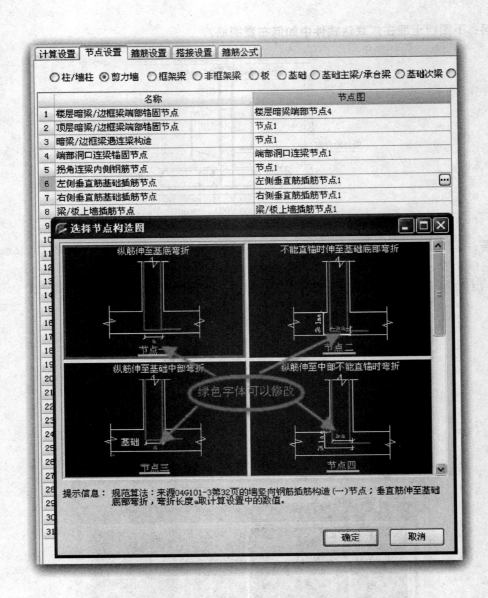

39. 问：弧形窗需要计算过梁吗？

答：过梁不是按门窗的类型确定布置的，而是根据工程的具体需要确定的，如果弧形窗的顶部有弧形梁，就不需要过梁；如果弧形窗的顶部没有梁，就必须有过梁；混凝土墙上的弧形窗上边可以不布置过梁。

40. 问：图纸结构说明中"凡在板上砌隔墙时，应在板内底部增设加强筋 3C18，并锚固于两端制作内"。在进行单构件输入时，加强筋的长度应该是板净长＋两个锚固。此处的锚固长度怎样计算？

答：3C18 是板底加强筋，也是板底筋，只要满足≥5d 且至少到支座中心线即可。

可以不必单构件输入，直接用"楼层板带"来定义。软件会自动计算的。

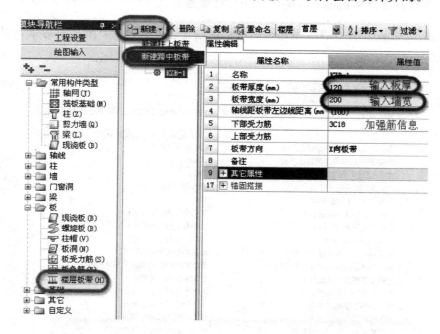

41. 问：人防门框顶部的梁箍筋的弯折长度怎样计算？

答：定义时可以把软件里默认的箍筋删除掉，在其他箍筋里定义一个 272 号的箍筋即可。

42. 问：转角墙外侧水平钢筋在转角墙处为什么变成直的了？

     答：是因为设置了剪力墙转角处外侧水平钢筋是连续通过的，要想有弯锚，可以像下图一样设置。

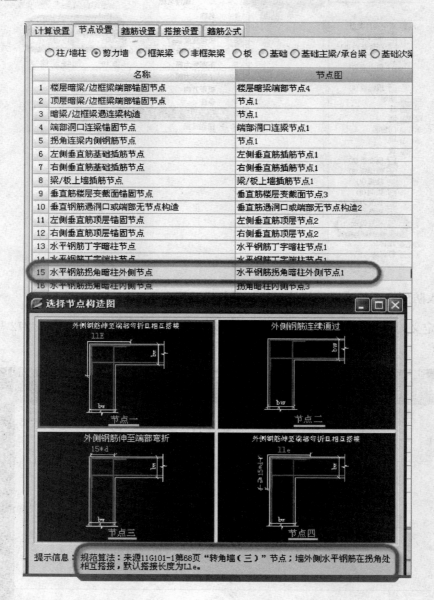

43. 问：下图用 GFY2010 翻样时剪力墙水平筋为什么有一侧是直的呢？

3	18	100 ⌐ 2110	2110+100-10	外皮长度-保护层+设定弯折-保护层	2200
4	1	2350	2350	外皮长度+搭接-保护层	2350
5	67	100 ⌐ 2060 ⌐150	2060+100+150-20	净长-保护层+设定弯折+支座宽-保护层+弯折	2290

答：需要到工程设置中查看对应的设置，下图中显示不同位置的设置弯折，就计算出不同的弯折。

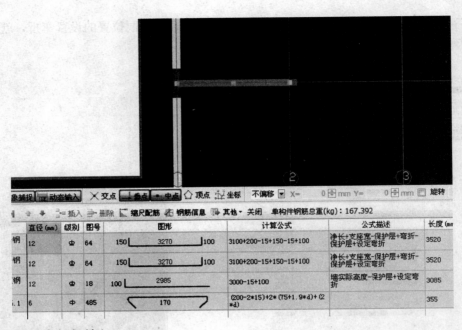

直径(mm)	级别	图号	图形	计算公式	公式描述	长度(mm)
钢 12	Φ	64	150 3270 100	3100+200-15+150-15+100	净长+支座宽-保护层+弯折-保护层+设定弯折	3520
钢 12	Φ	64	150 3270 100	3100+200-15+150-15+100	净长+支座宽-保护层+弯折-保护层+设定弯折	3520
钢 12	Φ	18	100 2985	3000-15+100	墙实际高度-保护层+设定弯折	3085
i. 1 6	Φ	485	170	(200-2*15)+2*(75+1.9*d)+(2*d)		355

44. 问：折形窗如何输入？

答： 可以用带形窗代替，可以绘制任意的长度和弯折。

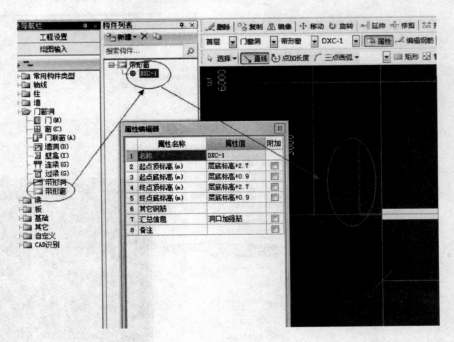

45. 问：弧形窗过梁怎样绘制？

答： 弧形窗过梁，一般可以先定义窗，选择对应的参数窗画上图后，再建立过梁。然后智能布置过梁比较简单，也可以直接定义异形过梁，在截面编辑中编辑异形过梁，然后

广联达GFY2012钢筋翻样软件应用问答

画图即可。

46. 问：在钢筋翻样软件中下图女儿墙应该怎样处理？（不用单构件输入）

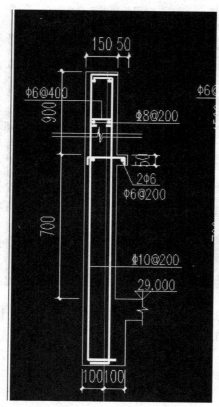

    答：一种方法是用混凝土剪力墙来输入左侧部分，把挑出的小檐用自定义线来处理。还有一种方法就是用自定义异形线来处理。

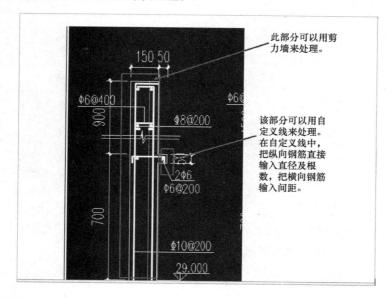

47. 问：计算时出现没有编号的墙是怎么回事？

答：下料软件里定义的墙必须编号，否则无法准确计算，因为软件里要提供详细的每处墙的料单。设置一下自动生成墙编号，再汇总即可。

第5章

梁

1. 问：如果混凝土梁的支座为钢柱（即为混凝土—钢组合结构），那么梁在支座处的钢筋构造如何处理？

答：一般钢结构的梁应该也是钢结构的，如果是混凝土的梁需要考虑与钢柱的焊接。

2. 问：本梁为三跨，中间跨高于其他两跨＋0.20m，手算低标高钢筋应一端弯锚一端直锚，软件自动算出两端都为弯锚，前后相差100mm料，是怎么回事？

答：在原位标注表格中输入即可。

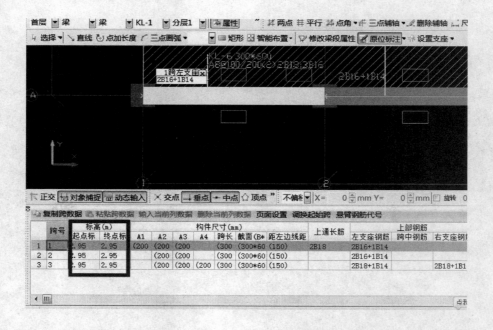

3. 问：梁钢筋在原位标注时，图形下方会有一详表，1、2、3……跨的详细标高，跨长等等，在构件栏中有 A1、A2、A3、A4，表示的是什么尺寸？

答：A1、A2、A3、A4 分别表示各跨支座的长度，参见下图。

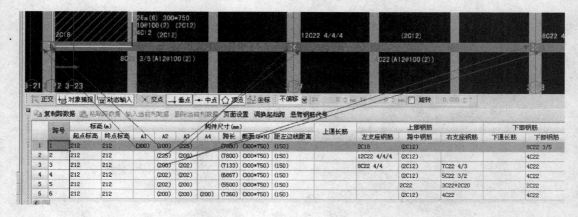

广联达GFY2012钢筋翻样软件应用问答

4. 问：如图的两根 2C18 的钢筋搭接长度应该是 150mm 呢？还是 $L_{aE} * d * 1.2$？

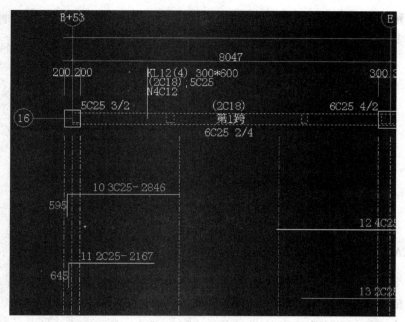

答：2C18 带（）就是架立筋，搭接长度就是 150mm；如果不带（），搭接长度就是 L_{LE}。

5. 问：图纸中原位标注一般两侧支座钢筋只标注一侧的另一侧的默认，但是在广联达软件中为何只标注一侧，另一侧在汇总计算时，不予计算呢？

答：图纸中原位标注一般两侧支座钢筋相同时，只标注一侧，另一侧可以不用标注，在广联达软件中只标注一侧时，仍按两侧同时一样的计算。不计算时应检查梁是否为同一梁或梁是否被打断。等级只要设置正确是会计算的。

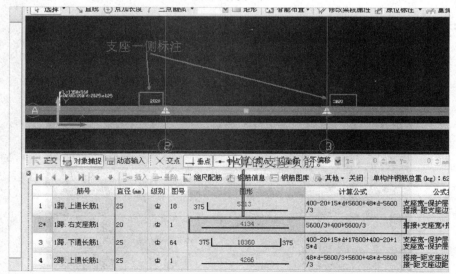

6. 问：在梁里画负筋，连续 3 跨变成一条梁了，其中一条负筋需要画与其他不一样该怎样做？

　　答：这种情况可以用画线来处理，把不同的负筋分别用画线来布置，一种型号的负筋布置范围有多长就画线多长布置。

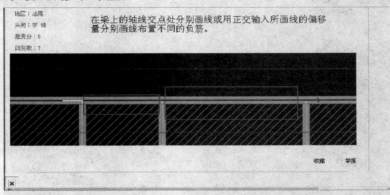

7. 问：如 CAD 图中 KL-50 的原位标注一跨为上反，在软件中如何表示？

　　答：这个梁应该是一跨带一端悬挑的，悬挑端的顶标高比楼层顶标高高 300mm，可以在平法表格里直接输入该跨的顶标高数值即可。如下图所示。

	跨号	标高(m)		构件尺寸(mm)						
		起点标高	终点标高	A1	A2	A3	A4	跨长	截面(B*H)	距左边线距离
1	1	-9.6	-9.6	(150)	(450)	(300)		(8250)	300*700	(150)
2	2	-9.6	-9.6		(300)	(300)		(8100)	300*700	(150)
3	3	-9.6	-9.6		(300)	(300)		(8100)	300*700	(150)
4	4	-9.6	-9.6		(300)	(300)		(8100)	300*700	(150)
5	5	-9.6	-9.6			(300)		(2400)	300*600	(150)

8. 问：软件识别的跨数与图纸显示的跨数不同时怎么办？

　　答：可以通过删除或添加支座修改 KL 的跨数。

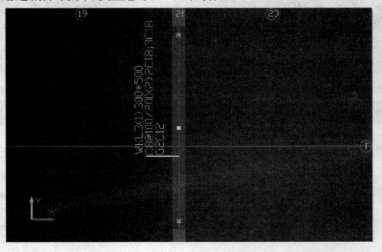

9. 问：绘制悬挑梁时为什么没有出现 X、Y 坐标？

　　答：只要有轴线或者构件的中心都是可以画的，用 Shift＋左键来输入悬挑偏移的长度即可。

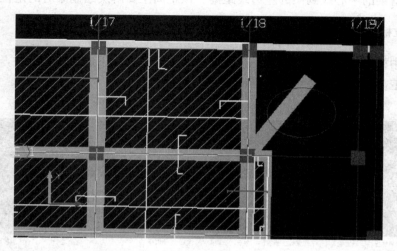

10. 问：梯梁两边的钢筋 6C8 是什么意思？

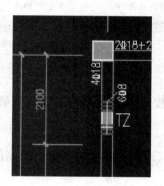

　　答：截图中 TZ 是楼梯柱，该柱是生根于这根梁上的，6C8 是 6 根 C8 的**梁箍筋**，间距是@50，布置在梯柱的两侧，每侧 3 根。

　　软件里 6C8 可以在该梁的平法表格里的次梁加筋栏输入。

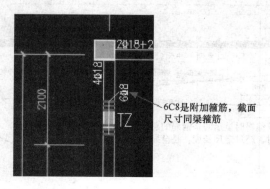

11. 问：梁原位标注钢筋表格中的距左边线距离是梁上的什么位置到左边线距离，此处左边线是指什么？

答： 是指梁的中心线到梁的左边线距离。该距离主要解决绘制梁时的定位。

12. 问：原位标注的下部通长筋与集中标注的下部通长筋不同该怎样解决？

答： 集中标注的上筋和下筋都是在表格里的上通长筋和下通长筋里反映，原位标注里的内容是在下部钢筋或者跨中钢筋里反映。

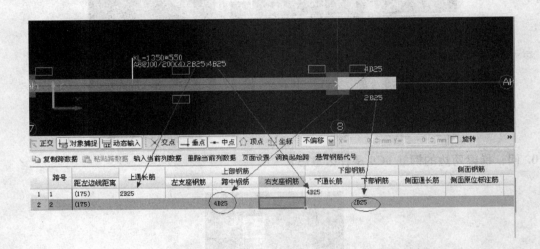

13. 问：KL 梁上部是通长筋，软件给的是总长，但钢筋最长是 12m，用搭接设置后为什么还是显示总长呢？

答： KL 梁上部是通长筋，设置了搭接，软件在钢筋的编辑中图形显示的仍是总长，在搭接中另外计算搭接量。

在翻样软件中，可以在钢筋排布中查看，如果位置不合适时，可以修改接头位置。

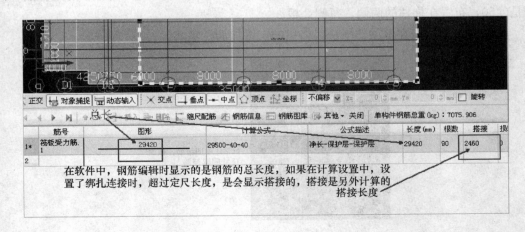

在软件中，钢筋编辑时显示的是钢筋的总长度，如果在计算设置中，设置了绑扎连接时，超过定尺长度，是会显示搭接的，搭接是另外计算的搭接长度

14. 问：**KZL18，软件计算的和手算的有很大的差别是怎么回事？**

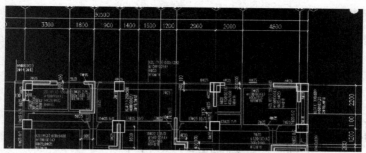

答：只要都是按同一种方法计算，手算和软件计算的结果应该是一样的，出现偏差可能是手算时没有和软件里计算的节点设置一样。

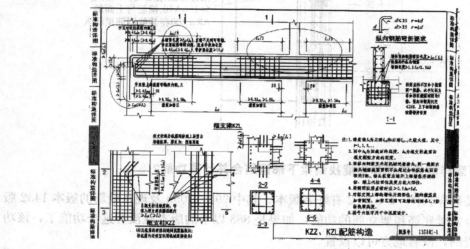

15. 问：**下图中 5B10、A8@200 和 1B10、A8@200 怎样定义？**

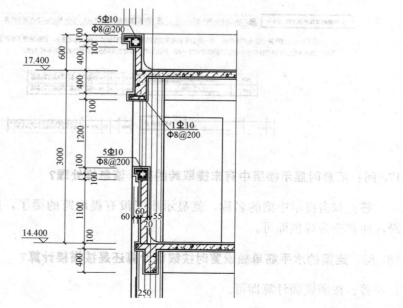

答：用异形圈梁加挑檐绘制即可。

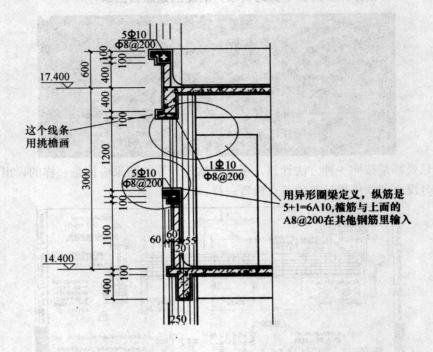

16. 问：钢筋翻样软件中在哪里能找到梁下部钢筋合并计算功能？

答：钢筋翻样软件 GFY2012 有好多版本，其中 998、1050 及现在最新的版本 1432 版本都有自动合并梁底筋和架立筋的功能，如果是 888 以下的版本就没有这个功能了，该功能是软件内置的，没有地方可以设置。

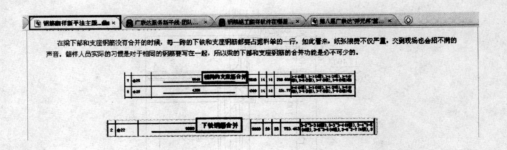

17. 问：汇总时显示楼层中有未提取跨的梁，该怎样处理？

答：双击提示中梁的名称，就显示出了没有提取跨的梁了，原位标注或提取一下梁跨，使其变为绿色即可。

18. 问：连梁的水平筋单独设置时按锚固计算还是按搭接计算？

答：按照锚固计算即可。

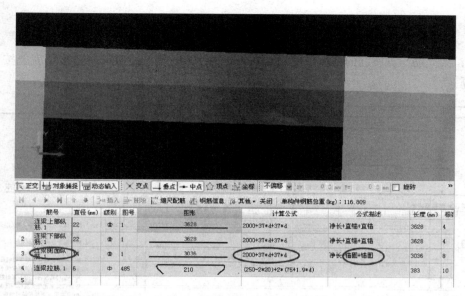

	筋号	直径(mm)	级别	图号	图形	计算公式	公式描述	长度(mm)	根数
	连梁上部纵筋.1	22	Φ	1	3628	2000+37*d+37*d	净长+直锚+直锚	3628	4
2	连梁下部纵筋.1	22	Φ	1	3628	2000+37*d+37*d	净长+直锚+直锚	3628	4
3	连梁侧面纵筋	Φ	1	3036	2000+37*d+37*d	净长+锚固+锚固	3036	8
4	连梁拉筋.1	6	Φ	485	210	(250-2*20)+2*(75+1.9*d)		383	10
5									

19. 问：图集上没有框架梁下部钢筋支座筋的说明，设计图纸中出现下部筋的支座钢筋，如何计算？

答：首先要确定是否是框架梁，一般基础梁才会存在下部支座筋。

如果确实是框架梁，就只能咨询设计了，框架梁下部支座筋在规范上是不存在的。

20. 问：基础梁高是 900mm，锚固端弯折长度为什么是 450mm？

答：此基础梁是无外伸构造的基础梁，软件默认的节点就是上部部钢筋的弯折长度为 h/2，所以计算的结果是 450mm。

如果不需要这样弯折可以在节点设置里修改。

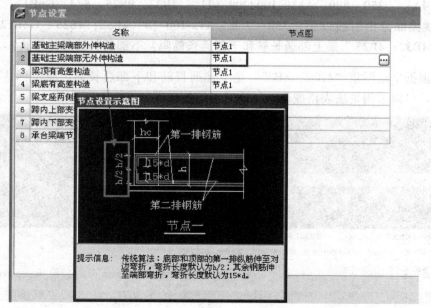

21. 问：框架梁没有通长筋时与架力筋搭接是按 $L_{aE} * 1.6$ 倍的系数搭接吗？

答：架立筋与支座筋的搭接长度为 150，如果是不同直径的通长筋搭接那就要按 $1.6 * L_{aE}$ 计算。

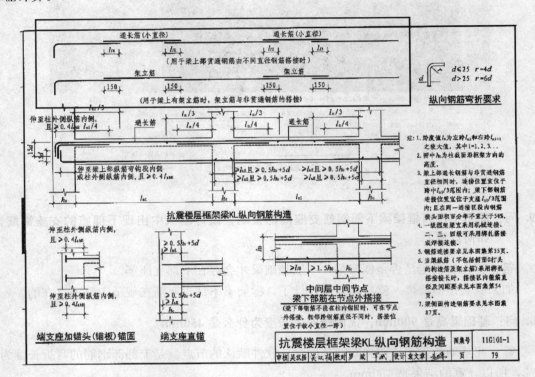

22. 问：原位标注的下部通长筋与集中标注的下部通长筋不同，在图纸中集中标注"KL2（4A）　350*800　A12@100/200（4）　4B32；9B25 5/4　G6B12　可是在悬挑梁部分由引线以下　350*700　A12-100（4）4B32；4B25　G4B12"，其中"4B32；4B25"是上部通长筋和下部通长筋吗？下部通长筋怎样修改？

答：根据平法图集"4B32；4B25"是上部通长筋和下部通长筋，原位标注与集中标注不一样，可以采用平法表格或原位标注对钢筋信息进行修改。

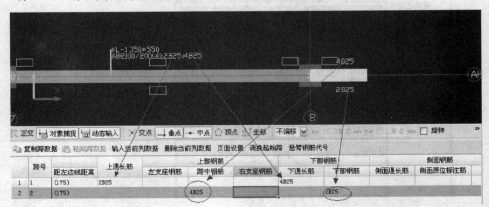

23. 问：定义框架梁时定义到基础梁上了，如何才能把基础梁上的定义复制到框架梁上呢？

答：批量选择基础梁—右键—构件转换—楼层框架梁即可。

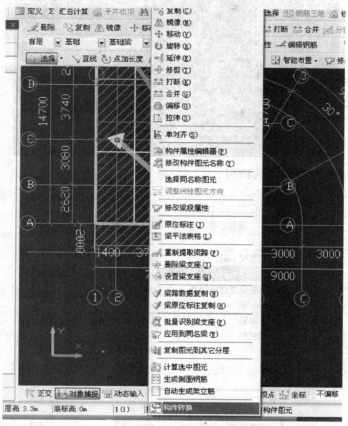

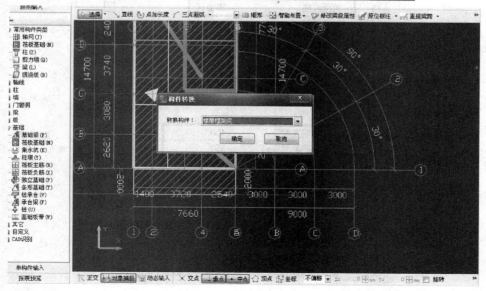

24. 问：下图连梁的交叉钢筋怎样输入？

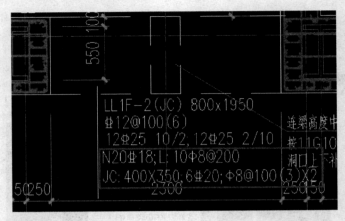

答：在该连梁的属性中输入即可。

	属性名称	属性值	附加
1	名称	LL-1	
2	截面宽度(mm)	800	
3	截面高度(mm)	1950 ▼	
4	轴线距梁左边线距离(mm)	(400)	
5	全部纵筋		
6	上部纵筋	12⌀25 10/2	
7	下部纵筋	12⌀25 2/10	
8	箍筋	⌀12@100(6)	
9	肢数	6	
10	拉筋	10⌀8@200	
11	备注		
12	□ 其它属性		
13	— 侧面纵筋	20⌀18	
14	— 其它箍筋		
15	— 归类名称	(LL-1)	
16	— 汇总信息	连梁	
17	— 保护层厚度(mm)	(20)	
18	— 顶层连梁	否	
19	— 对角斜筋		
20	— 折线筋		
21	— 暗撑箍筋宽度(mm)	400	
22	— 暗撑箍筋高度(mm)	350	
23	— 暗撑纵筋	6⌀20	
24	— 暗撑箍筋	⌀8@100(2)	
25	— 暗撑拉筋		
26	— 计算设置	按默认计算设置计算	
27	— 节点设置	按默认节点设置计算	
28	— 搭接设置	按默认搭接设置计算	
29	— 起点顶标高(m)	洞口顶标高加连梁高度	
30	— 终点顶标高(m)	洞口顶标高加连梁高度	

4.注写墙梁截面尺寸 *b×h*，上部纵筋，下部纵筋和箍筋的具体数值。

> 5.当连梁设有对角暗撑时[代号为 LL (JC) XX]，注写暗撑的截面尺寸（箍筋外皮尺寸）；注写一根暗撑的全部纵筋，并标注×2 表明有两根暗撑相互交叉；注写暗撑箍筋的具体数值。

6.当连梁设有交叉斜筋时[代号为 LL (JX) XX]，注写连梁一侧对角斜筋的配筋值，并标注×2 表明对称设置；注写对角斜筋在连梁端部设置的拉筋根数、规格及直径，并标注×4 表示四个角都设置；注写连梁一侧折线筋配筋值，并标注×2 表明对称设置。

7.当连梁设有集中对角斜筋时[代号为 LL (DX) XX]，注写一条对角线上的对角斜筋，并标注×2 表明对称设置。

墙梁侧面纵筋的配置，当墙身水平分布钢筋满足连梁、暗梁及边框梁的梁侧面纵向构造钢筋的要求时，该筋配置同墙身水平分布钢筋，表中不注，施工按标准构造详图的要求即可；当不满足时，应在表中补充注明梁侧面纵筋的具体数值（其在支座内的锚固要求同连梁中受力钢筋）。

3.2.6 采用列表注写方式分别表达剪力墙墙梁、墙身和墙柱的平法施工图示例见本图集第21、22页图。

剪力墙平法施工图制图规则	图集号	11G101-1
审核 郝福兰 郝福兰 校对刘 敏 刘敏 设计 高志强 高志强	页	16

25. 问：GFY2012 中如何才能把锁定的梁钢筋应用到其他同名梁？

答：可以用构件数据刷功能来完成。还可以把已画好的构件锁定后用复制功能来直接复制构件到指定的位置。

26. 问：一种钢筋配置的梁有好几跨连续在一起，集中标注的通长筋可以按一根长梁计算吗？

答：如果是几根梁的配筋相同，可以合并起来定义为一根梁，需要注意的是支座钢筋要看清楚，当两边钢筋不同时，在两侧分别输入不同的负筋这样软件就可以处理了。

27. 问：为什么梁的面筋一根在跨中搭接而另一根是通长的？

答：这是翻样软件最常见的现象。软件在计算时，既要考虑搭接位置符合规范，又要考虑错开连接和采用模数，当不能同时满足这几个条件时，软件往往放弃采用模数，这时钢筋就超长了，用红色显示是提示用户自己手动修改。

28. 问：在剪力墙结构中，L-x 默认为非框架梁，抗震等级为非抗震，图纸设计抗震等级三级，L 是否修改？

答：在剪力墙结构中，L-x 默认为非框架梁，抗震等级为非抗震，图纸设计抗震等级三级，是指框架结构构件，L 为非抗震结构构件，所以不用修改。

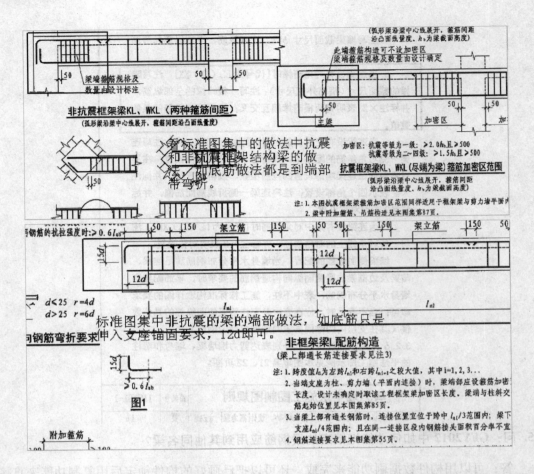

非抗震框架梁KL、WKL（两种箍筋间距）
（弧形梁沿梁中心线展开，箍筋间距沿凸面线量度）

（弧形梁沿梁中心线展开，箍筋间距沿凸面线量度，h_b为梁截面高度）

此端箍筋构造可不设加密区
梁端箍筋规格及数量由设计确定

看标准图集中的做法中抗震和非抗震框架结构梁的做法，如底筋做法都是到端部带弯折。

抗震框架梁KL、WKL（尽端为梁）箍筋加密区范围
（弧形梁沿梁中心线展开，箍筋间距沿凸面线量度，h_b为梁截面高度）

加密区：抗震等级为一级：$\geq 2.0h_b$且≥ 500
　　　　抗震等级为二～四级：$\geq 1.5h_b$且≥ 500

注：1. 本图抗震框架梁箍筋加密区范围同样适用于框架梁与剪力墙平面内
　　2. 梁中附加箍筋、吊筋构造见本图集第87页。

标准图集中非抗震的梁的端部做法，如底筋只是伸入支座锚固要求，12d即可。

$d \leq 25$　$r = 4d$
$d > 25$　$r = 6d$

钢筋弯折要求

图1

非框架梁L配筋构造
（梁上部通长筋连接要求见注3）

注：1. 跨度值l_n为左跨l_{ni}和右跨l_{ni+1}之较大值，其中i=1, 2, 3...
　　2. 当端支座为柱、剪力墙（平面内连接）时，梁端部应设置箍筋加密长度。设计未确定时取该工程框架梁加密箍筋长度。梁端与柱斜交筋起始位置见本图集第85页。
　　3. 当梁上部有通长钢筋时，连接位置宜位于中间$l_{ni}/3$范围内；梁下支座$l_{ni}/4$范围内；且在同一连接区段内钢筋接头面积百分率不宜
　　4. 钢筋连接要求见本图集第55页。

29. 问：下图梁集中标注是 2 跨，一端是直的，一端是斜的，在支座处合并梁中间支座钢筋怎样定义？

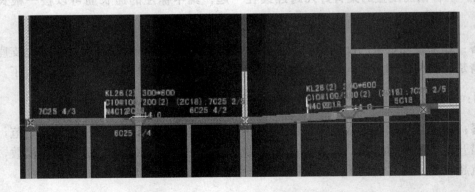

答：先定义同名梁后，分段画上去，合并后再原位标注，然后在原位标注的表格中输入支座钢筋，如果合并不了，是所画的梁没有对齐，选择梁后，放大交接处，然后点其中一端，会出现方格中带小十字图标，然后移动与另一梁端处对齐，对齐后再合并就可以了。

广联达GFY2012钢筋翻样软件应用问答

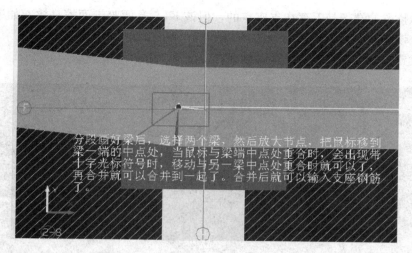

分段画好梁后，选择两个梁，然后放大节点，把鼠标移到梁一端的中点处，当鼠标与梁端中点处重合时，会出现带十字光标符号时，移动与另一梁中点处重合时就可以了，再合并就可以合并到一起了。合并后就可以输入支座钢筋了。

30. 问：斜屋面斜梁的箍筋怎样设置？

答： 不需要考虑形状，正常设置，软件会考虑计算。可以汇总计算之后查看编辑钢筋。

31. 问：挑梁去掉支座点，支座钢筋怎样输入？

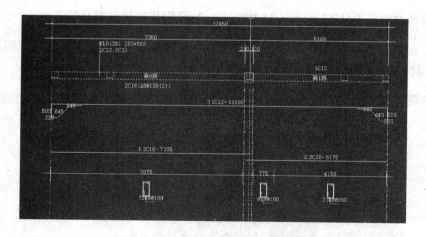

答：悬挑梁的端部是不存在支座点的，但该 KL5 是两跨带两端悬挑，如下图所示的支座是不应该删除的。

重新设置一下支座，汇总计算后再查看排布图即可。

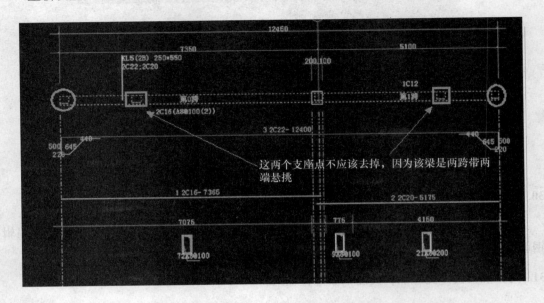

32. 问：梁侧面纵筋 G6C12 和 N2C16 中的 G、N 分别代表什么意思？

答：G 是构造筋，N 是抗扭钢筋，两者主要是锚固长度不同，构造筋锚固长度 15d，抗扭筋锚固长度为一个锚固长度。

33. 问：下图基础梁属性设置是什么？

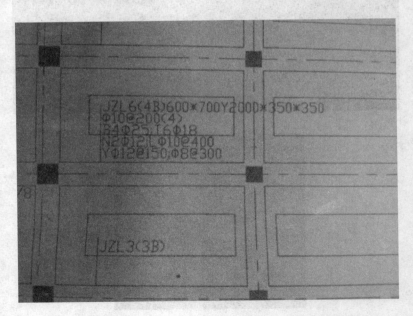

答：该基础梁的属性信息具体如下图所示。

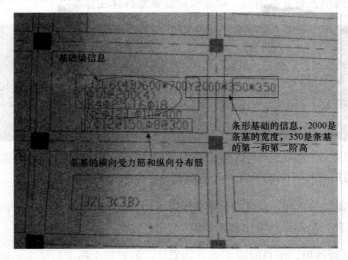

34. 问：钢筋翻样中基础梁的图注问题，如图中 B 是什么意思？在软件中又如何绘制呢？

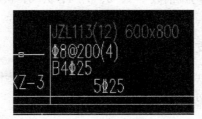

答：基础梁集中标注里的 B 是表示下部通长筋，T 是表示上部通长筋，截图中 B4C25 表示该基础梁下部通长筋为 4C25。

软件里基础梁的绘制方法和普通梁一样，一般是用"直线"布置。

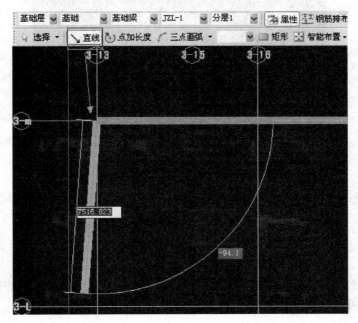

35. 问：梁在同一跨中，有变截面时，梁原位标注该怎样标注？

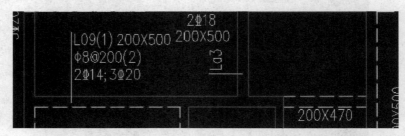

答： 先按 200＊500 的截面尺寸绘制，然后在变截面处将梁打断，点击原位标注，输入各段的截面信息，最后再将打断的梁合并，汇总计算后梁就是两个截面尺寸了。

36. 问：梁在钢筋翻样软件中，能像现浇板一样，计算时自动给梁进行编号，或者在导出报表时，分 X 向、Y 向进行导出报表吗？

答： GFY2012 软件里，汇总时梁不能自动编号，如果想出报表时梁按一定的顺序，只能在定义梁的时候在名称前面加上阿拉伯数字 1、2、3、4、5、6、7、8、9 等，出报表时就是按此顺序了。

37. 问：哪个点可以作为梁的支点？

答： 平法里没有说明哪个点作为某梁的支点，只说明某个构件是某梁的支座，软件里支座有一个支座点，该点一般都显示在轴线上。

38. 问：下图的承台梁的钢筋应该如何绘制？

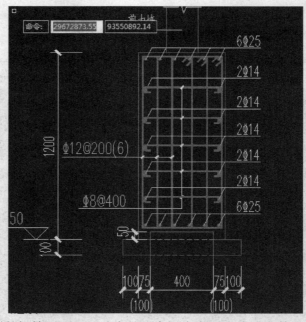

答： 这种承台梁的钢筋可以用基础中的承台梁来定义，然后在其对应的栏中输入钢筋信息，确定绘图即可。

广联达GFY2012钢筋翻样软件应用问答

39. 问：图示中基础梁的标注是什么意思？如何在软件中绘制输入？

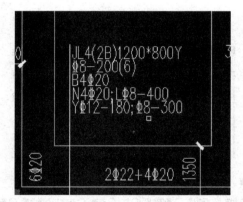

　　答：JL4 1200*800 两端有悬挑，有加腋，底筋为 4 根 20 的三级钢，抗扭腰筋为 4 根 20 的三级钢，加腋为 12 的三级钢@180，拉筋为三级 8@300，箍筋为三级 8@200 的 6 肢箍，拉筋为三级 8@400。在软件中的表格里输入钢筋的信息。

40. 问：框架梁的下部钢筋锚固是多少？非框架梁下部钢筋锚固呢？

　　答：框架梁、非框架梁下部钢筋锚固是由工程的混凝土强度等级、抗震等级、钢筋直径来决定的，非框架梁上部伸出柱边貌似基本不成立，一般在框架柱上的梁都是框架梁。

41. 问：次梁在集中标注上没有通长筋，但是在原位标注中钢筋的直径相同、个数不同时该怎样搭接？

答：负筋和架力筋直径相同时软件是拉通计算的。如果钢筋直径相同、个数不同时，多出就会在各自的位置处断开，一般是负筋多于架力筋，负筋就会在 1/3 处断开了。如果定义的是架力筋便是根据规范要求按 150 计算，如果定义的是跨中筋则是按受力筋搭接。

42. 问：工程中有的梁截面大小标高都一样，只有梁的编号不一样时，为什么不可以直锚？

答：一般在软件中默认的是弯锚，在钢筋翻样中，可以通过钢筋排布中删除弯折，把钢筋加长的办法来处理成直锚。

43. 问：怎样快速输入下图挑梁的弯起筋？

答：可以在属性中定义，做集中标注时把上部通长筋输入（举例）3-3C25。

也可以在工程设置里面提前修改：工程设置—节点设置—框架梁/非框架梁—21悬臂梁节点—节点3即可。

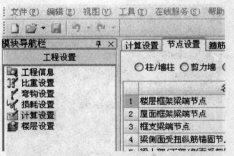

	名称	节点图
1	楼层框架梁端节点	楼层框架梁端节点1
2	屋面框架梁端节点	顶层节点5-4
3	框支梁端节点	框支梁-5
4	梁侧面受扭纵筋锚固节点	侧面受扭钢筋节点2
5	梁上部/下部/侧面受扭钢筋锚入平行墙支座节点	节点1
6	楼层梁中间节点底标高不同时	中间5-1节点
7	楼层梁中间节点顶标高不同时	中间4-1节点
8	楼层悬臂梁悬臂跨顶标高高于相邻跨时	悬臂节点4
9	楼层悬臂梁悬臂跨顶标高低于相邻跨时	悬臂节点4
10	楼层梁中间节点宽度或纵筋数量不同时	中间7-1节点
11	屋面梁中间节点底标高不同时	中间1-1节点
12	屋面梁中间节点顶标高不同时	中间2-1节点
13	屋面悬臂梁悬臂跨顶标高高于相邻跨时	悬臂节点5
14	屋面悬臂梁悬臂跨顶标高低于相邻跨时	悬臂节点5
15	屋面梁中间节点宽度或纵筋数量不同时	11G101节点1
16	跨内上部变截面节点	节点1
17	跨内下部变截面节点	节点1
18	斜梁阳角无支座节点	节点3
19	斜梁阴角无支座节点	节点3
20	水平折梁节点	节点3
21	悬臂梁节点	悬臂梁节点3

44. 问：下图的基础梁怎么定义属性？上下各 7C20，C10@150（6），中间是 6C20，拉筋 C10@
300 怎么定义呢？

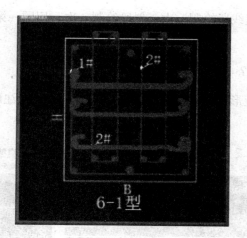

答：参考如下图。

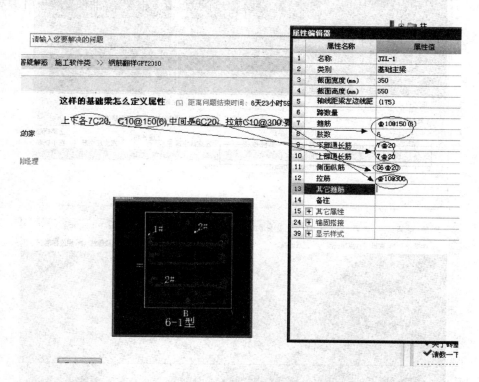

45. 问：绘制的连梁一端是足够长的剪力墙，可是计算后却发现此处是弯锚而不是直锚，
当此处存在暗柱时，假如是因为设置时以暗柱为支座，那怎么设置成以剪力墙
为支座呢？

答：可以先把这个以暗柱为支座删除，点击该梁，然后点击删除支座，把这个暗柱处
的小红色"X"删除，然后点击设置支座，点击该梁，然后点击该墙，确定即可。

46. 问：某段有 5 跨的梁，最后一跨不和其他跨在一条直线上，成 35°角时该怎样定义？

答： 分两次绘制，直线段绘制一次，斜段绘制一次，用同一梁号，然后选中绘制好的两端梁，将之合并即可。

47. 问：怎样新建悬挑梁？

答： 一般可以新建矩形梁，用直线画上图，然后在原位标注的表格里输入截面信息，如：250＊400/200。

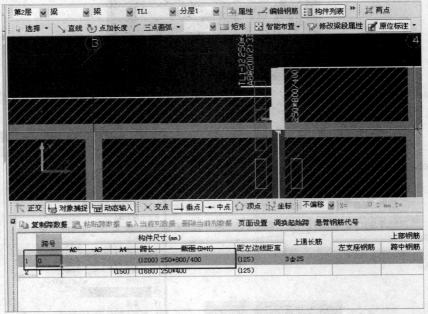

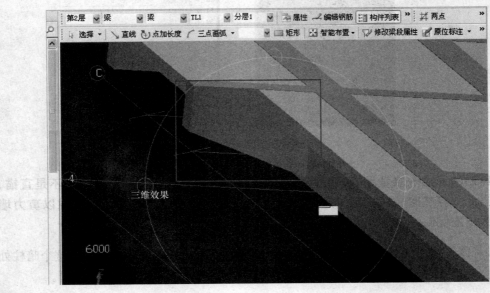

48. 问：梁同一跨内同一根主钢筋可以有两个焊接接头吗？

答：梁同一跨内同一根主钢筋可以有两个焊接接头，但必须在允许搭接区域内，且错开一个搭接长度。

49. 问：GFY2012如何设置异形梁？

答：在绘图界面，先切换到梁，然后定义，新建异形梁，到截面编辑里编辑梁的截面，然后把异形梁中常规做的纵筋和箍筋在对应的钢筋栏中输入，把异形的钢筋在其他钢筋中选择对应的钢筋图形并输入钢筋信息。定义好后就可以画图了。

50. 问：基础梁会出现在条形基础底面吗？

答：没有可能，基础梁简单说就是在地基土层上的梁。基础梁一般用于框架结构、框架-剪力墙结构，框架柱落于基础梁上或基础梁交叉点上，其主要作用是作为上部建筑的基础，将上部荷载传递到地基上。而条形基础也是作为上部建筑的基础，将上部荷载传递到地基上，不可能重复设计，只能是常用的基础梁加腋，不可能基础梁出现在条形基础底面。

51. 问：相交梁为什么不能同时布置吊筋和箍筋，只能布置一个点？

答：相交梁如果是主次梁，在主梁上才能布置吊筋和次梁加筋，次梁不需要布置。

52. 问：KL10的吊筋应该怎样定义？

答：原位标注，在平法表格中输入支座宽度，再输入吊筋信息。一跨内有多个吊筋时，用"/"隔开输入，例如次梁宽度输入200/200/200，吊筋输入2C14/2C12/2C14也一样，输入梁宽度即可。

53. 问：广联达钢筋翻样软件中，暗梁的原位标注怎样输入？

答：广联达钢筋翻样软件中，暗梁只有集中标注没有原位标注。暗梁和一般框架梁配筋形式不一样。

54. 问：下图主梁与次梁交接的吊筋怎样定义？

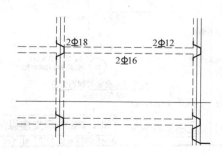

答：主梁与次梁交接处是设置的吊筋，定义梁绘制，点击【原位标注】，在下面的表格中输入吊筋。

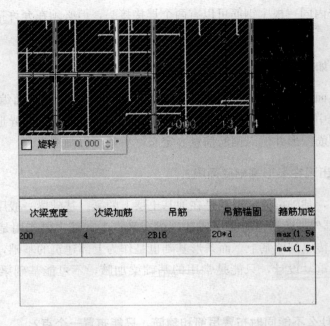

次梁宽度	次梁加筋	吊筋	吊筋锚固	箍筋加密
200	4	2B16	20*d	max (1.5*
				max (1.5*

55. 问：屋面框架梁不能直通的面筋怎样锚固？

答：这种情况下面筋是从梁面向下弯折一个 L_{aE}，而不需要弯折到梁底。

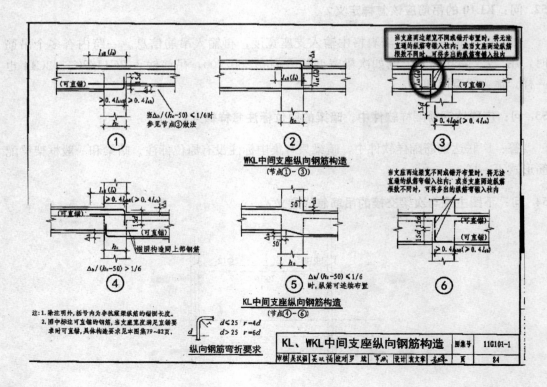

KL、WKL中间支座纵向钢筋构造

56. 问：屋面梁，中端支座怎样定义？

    答：有关屋面梁支座的构造做法，在端部锚固与楼层梁不一样，需加长，中间支座与楼层梁大体一样，详见 11G101-1P80、81、82、83、84 页部分，分抗震和不抗震两种情况。

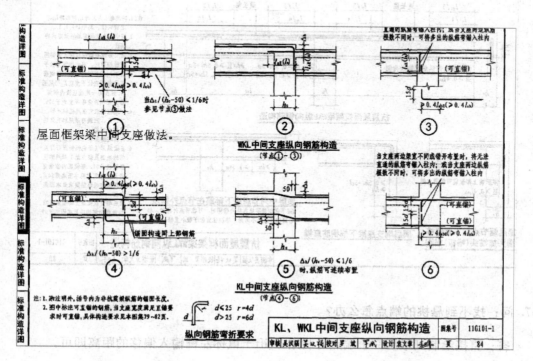

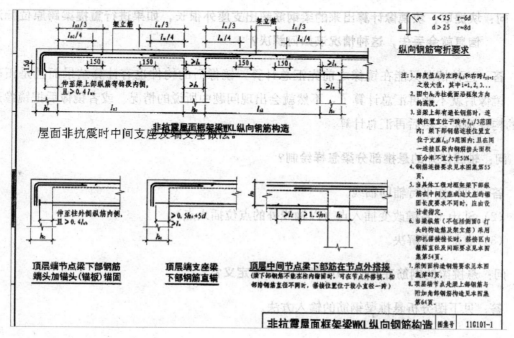

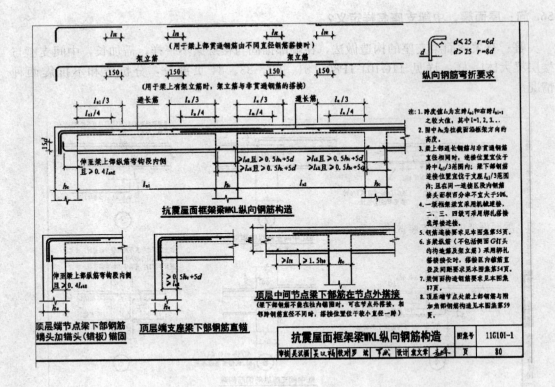

抗震屋面框架梁WKL纵向钢筋构造

图集号	11G101-1
页	80

57. 问：找不到悬挑的端点怎么办？

答：直接绘制到最后一个端点时利用 Shift＋鼠标左键输入偏移的距离即可。

58. 问：块提取，块镜像计算出来的梁钢筋超出支座外很长，如果进行重提梁跨原位标注信息就会丢失，这种情况该如何解决？

答：这种情况只能在镜像之前先汇总计算，镜像后的构件也有计算结果而且是正确的。镜像后就不能再汇总计算了，不然就会出现问题中所说的情况。或者镜像后把镜像过来的构件锁定，然后再汇总计算。

59. 问：轴线以外的悬挑部分梁怎样绘制？

答：（1）作平行辅助轴线。
（2）Shift＋左键改变插入点（以轴线外的点位插入点）。
（3）点加长度解决。

60. 问：悬挑梁的钢筋在 GFY2010 软件中怎样定义？

答：见下图分析悬挑梁钢筋的输入方法。

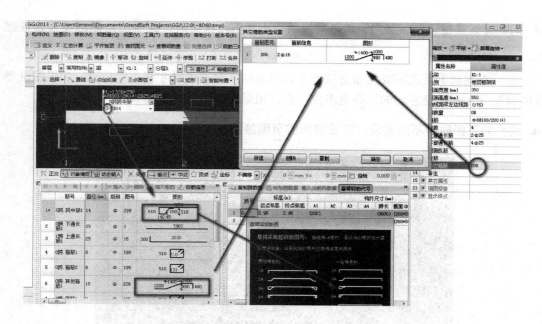

61. 问：梁有高低差，梁的一端加腋，方向朝上，该如何处理？

答：11G101-1 中有不清楚的地方可以看图集 12G901-1，里边有详细的解释。3-36 页里说明 4 是这样说的，当梁的下部纵筋和侧面纵筋直锚长度大于等于 L_{aE} 且大于等于 $0.5h_c + 5d$ 时，可不必往上或水平弯锚。

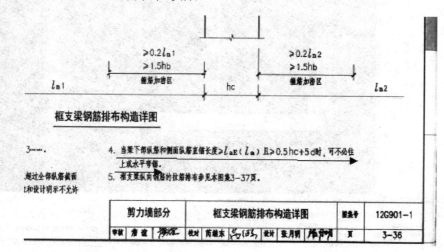

62. 问：井字梁端支座底筋，11G101-1，91 页注写第 4 条纵筋在端支座应伸至主梁外侧纵筋内侧弯折、当直段长度小于 L_a 时可不弯折。此处纵筋包含底筋吗？井字梁配筋构造端支座底筋注写 12d 如何理解？

答：11G101-1，91 页注写第 4 条纵筋在端支座应伸至主梁外侧纵筋内侧弯折、当直段长度小于 L_a 时可不弯折。此处纵筋指的是上部钢筋不包含底筋。井字梁配筋构造端支座底筋注写 12d 就是底筋最小伸入长度。

63. 问：什么是拉梁？一层内隔墙基础说明用于墙下无拉梁时，绘制后与基础梁重合该怎么处理？

答： 有基础梁处就不要再布置拉梁了，只有墙下没有梁时才要布置拉梁。如果图纸要求同时布置，看清楚它们的标高是多少，软件里梁是不可以重叠布置的。

64. 问：如下图同跨不同直径，非正常加密范围箍筋在 GFY2012 中应该怎样设置？

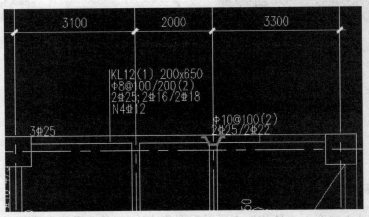

答： 当设计要求箍筋的加密距离时，就要用：A8-100（2）[2000]；8-200（2）[3000]；8-100（2）[1000]的方法输入，中括号中的数据就是距离。

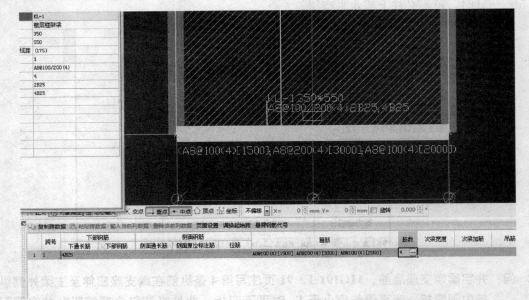

65. 问：某坡屋斜梁，平梁，在需要折的地方先打断，再用平齐顶板功能把梁做成折梁后合并。汇总计算钢筋为什么会出错呢？

答： 直接先绘制平梁，然后绘制板–根据图纸定义斜板–然后利用平齐板顶功能，让梁变为斜即可，打断了再合并总会出错。

66. 问：主梁面筋为非贯通筋时要采用绑扎搭接连接，钢筋直径不同时该如何计算搭接长度？

答： 如果是施工放样，是按相对小的钢筋。另外，如果是梁面架力筋与支座的搭接，按 150mm 计算。

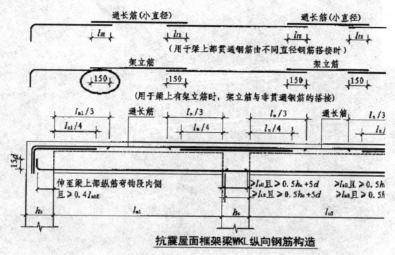

抗震屋面框架梁WKL纵向钢筋构造

67. 问：悬挑梁面筋的锚固，在悬梁长度大于 2000mm 时该如何计算？

答： 11G101 图集里对悬挑梁的上部钢筋的锚固做了详细的说明，悬挑梁上部钢筋的锚固不因挑出的长度多少而定，设计会根据悬挑的长度来计算上部钢筋的配置，作为施工或预算只要按图集的规范做法即可。

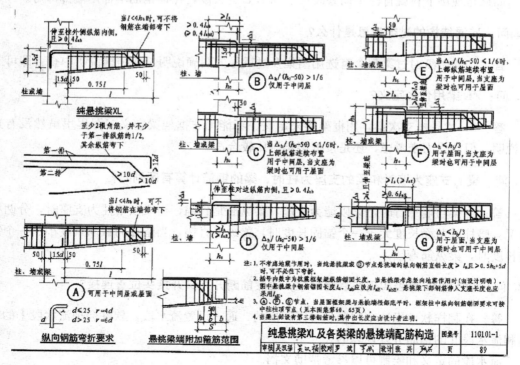

纯悬挑梁XL及各类梁的悬挑端配筋构造　图集号：11G101-1

68. 问：下图悬挑梁钢筋为什么伸到了外边？

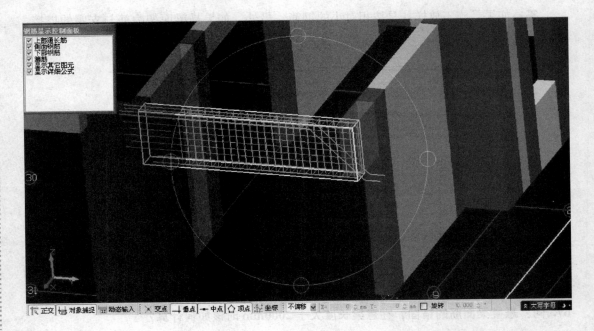

答：悬挑梁上部二排筋在 0.75L 处下弯，下部平直段还有 10d，这样一来往往都超出了悬挑梁的端部，这是标准图集的问题，设计时没有考虑到这一点。

如果是现场下料就自己手动修改一下 0.75L 的长度，保证钢筋不伸出端部即可。

69. 问：砖混结构的过梁信息是什么？

答：一般图纸对过梁都会有选用图集及过梁号的明确说明，在结构说明中查看即可。

70. 问：ZL 梁用什么定义？

答：ZL 梁是框支次梁，用框架梁来定义。不能用非框架梁定义。图集里虽然没有这个说明，但从受力来考虑，还是按框架梁做比较合适。

71. 问：梁的支座为墙时和梁的支座为柱时，梁的钢筋计算有区别吗？

答：当梁与墙平行时，梁以墙为支座，梁纵筋是直锚，当梁以暗柱为支座时，分两种情况：暗柱的截面长度大于一个锚固长度时，梁纵筋直锚，当暗柱的截面长度小于一个锚固长度时，梁纵筋弯锚。

72. 问：GFY2012 能否实现在后浇带中，梁底筋断开并错开接头位置连接？

答：在翻样软件里这个问题是可以解决的，通过设置流水段，软件会把流水段Ⅰ的钢筋和流水段Ⅱ的钢筋分开计算的。

流水段的定义和绘制可以参考帮助文档。

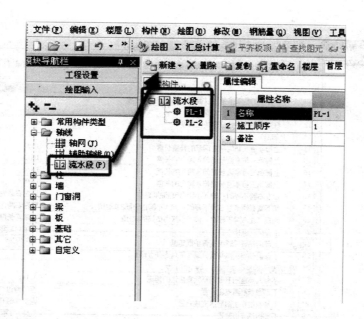

73. 问：为什么基础梁上下钢筋弯锚时端头保护层距离不论设置多少计算结果都是 40mm？

　　答：确实是这样，保护层都是按 40mm 算的，如果要按 100mm 计算只能在编辑钢筋里或钢筋加工里修改纵筋的长度。

74. 问：梁筋锚入柱的平直段长度应该是支座宽－柱竖筋保护层厚－柱竖筋直径－25，柱竖筋与梁筋下弯段应留有一定间距，翻样软件是如何考虑预留量的？

　　答：（1）钢筋翻样是用于现场实际安装，所以要考虑预留量，譬如：柱纵筋保护出现向内偏差，此时端头保护的预留数值就起到作用，或者梁筋因加工偏差稍长 2cm，也能使用。

　　（2）钢筋算量只需要扣除保护层，不需要考虑实际操作，包括接头定义也是根据定额确定。

　　（3）钢筋弯曲修正值在软件中有经验值输入、理论输入、不作调整三种选择。

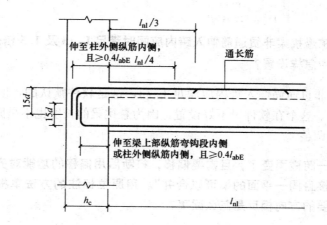

75. 问：图纸要求悬挑梁非贯通筋伸入跨内应同时满足 $L_n/3$ 及 1.5 倍悬挑梁的悬挑长度，在软件中怎样设置？

答：悬挑梁非贯通筋伸入跨内应满足 $L_n/3$，这是软件默认的，但又要满足 1.5 倍悬挑梁的悬挑长度，这个在软件里不好设置，因为悬挑梁的长度也不是固定的，只能针对某一悬挑梁来进行调整。

76. 问：某梁，一跨截面变了，且需要偏移，打断后用偏移的功能对齐后便提示"合并失败，相接且同一平面的梁可以合并"。用原位标注的方法单根梁偏移，偏移的方向跟需要的方向相反是怎么回事？

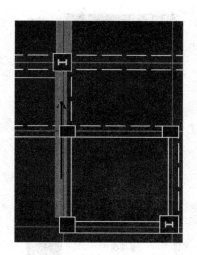

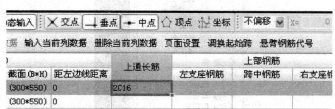

距左边线距离中只能输入正数，而输入正数后梁向左边偏移了，
而我想的是向右边偏移

答：可以把这根梁全部按向右偏移的位置，全部跟着偏移，因为原位标注只能向左，所以再把除了要求偏移的那一跨不动，其他跨向左偏移，这样做起来就相当于那一跨是向右偏移了。（即上跨和下跨先向右偏移，用偏移功能键；然后上跨再向左偏移，原位标注设置；那么就等于下跨是向右偏移了。）

77. 问：广联达软件中没有梁垫构件，该怎样设置？

答：(1) 广联达软件中没有梁垫构件，可以用圈梁定义绘制，比较方便，不需要原位标注。

(2) 也可以用桩承台来定义，选择为梁式配筋，宽度为墙宽，钢筋直接定义上部钢筋，修改保护层厚度为梁保护层厚度即可。

78. 问：连梁的腰筋和墙体水平筋不同，该怎样计算？

答：连梁的腰筋和墙体水平筋不同时，墙里的水平筋按洞口处的水平筋一样的做法；连梁上的侧面纵筋按锚入支座内计算。

79. 问：在 GFY2010 中导入 CAD 图中连梁表，完成识别，构件信息和楼层编号都没有问题，点击"构件"找到完成识别连梁表点击生成构件，提示已生成构件，但在绘图界面当前楼层的梁构件中却找不到这些连梁表中的连梁是怎么回事？

答：连梁的信息识别后软件是自动保存在"门窗洞"里的连梁构件中，把图切换到连梁的绘图界面，然后查看构件列表。

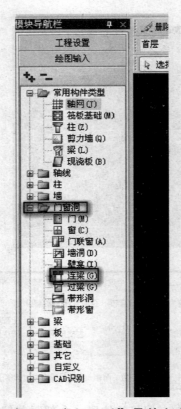

80. 问：梁的集中标注"KL24 中 2C16＋(2C12)"是什么意思？"2C22＋2C20，G4C14" 与左侧的红色钢筋是"2C12"分别指的是什么？

答："2C12"是上面的架力筋，作用就是和支座负筋搭接形成钢筋骨架，输入时就这么输入即可。"2C22＋2C20"是下部钢筋，如果使用原位标注，在下面的框中可以直接输入，但是使用梁平法表格就要搞清上通长钢筋和上部钢筋的区别了。"G4C14"是侧面纵筋，带 G 和 N 的都是侧面纵筋，和下部钢筋输入的位置在一起，两原位标注下面。最左侧的红色钢筋"2C12"指的是吊筋，主次梁交接处主梁处应设置吊筋。可以自动生成吊筋，也可以在梁平法表格里面输入。

81. 问：下图中负筋标注的 800mm 或 750mm 是从梁右边线算起吗？图中绿色的钢筋是什么？

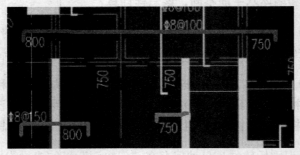

答：标注起始点一般图中都会有明确标注或说明，没有标注或说明时，按支座中心线计算。图中绿色的钢筋才是真正的负筋，红色的钢筋是跨板受力筋。

82. 问：下图连梁中部有洞口该怎样定义？

答： 连梁中部有洞口，可用剪力墙代替连梁来布置，之后用墙洞来布置在墙上，调整标高即可。

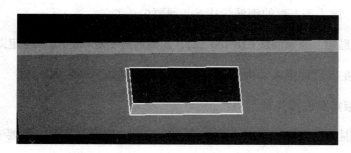

83. 问：采用 CAD 识别时，提取的支座负筋为什么会出现弯折部分尺寸大于现浇板厚度的情况？

答： 这种情况是边支座上的负筋，软件默认的边支座负筋在支座内的弯折长度是 15d，因此计算的结果有可能大于现浇板的厚度。

	类型名称	
1	⊞ 公共设置项	
17	⊞ 受力筋	
31	⊟ 负筋	
32	─ 单标注负筋锚入支座的长度	能直锚就直锚，否则按公式计算：ha-bhc+15*d
33	─ 板中间支座负筋标注是否含支座	否
34	─ 单边标注支座负筋标注长度位置	支座内边线
35	─ 负筋根数计算方式	向上取整+1
36	⊟ 柱帽	
37	─ 柱帽第一根箍筋起步	50
38	─ 柱帽圆形箍筋的搭接长度	max(1ae,300)
39	─ 柱帽水平箍筋在板内布置	否

84. 问：次梁比框架梁高时，其支座如何处理？

答： 次梁比框架梁高，分两种情况：

（1）梁顶标高一样，次梁底低于框架梁底，在框架梁的次梁位置设置吊柱，吊柱的底标高是次梁底标高，吊柱顶标高是梁顶标高，截面尺寸图纸上会有说明的。

（2）梁底标高一样，次梁顶标高高于框架梁顶标高，次梁的上部钢筋伸入框架梁内 15d。

85. 问：软件在计算架立筋时按跨长的 1/3 计算，为什么施工中按通长布置？

答： 软件计算的是正确的。架力筋是和支座负筋搭接形成钢筋笼骨架的钢筋，如果通长布置就不叫架力筋了，通长布置的是上部钢筋，如果是多跨通长就是上部通长钢筋。支座负筋是梁净跨的三分之一，，两边都有支座负筋那架力筋正好就剩三分之一。

86. 问：在钢筋料单中框架梁的 5 肢箍筋应该是哪一种形式？

答：规范里只有柱子的 5 肢箍形式，如果图纸上没有梁的箍筋大样，钢筋料表里完全可以采用 5-1 型，因为 5-1 型的钢筋量比 5-2 型要少一些。

87. 问：框支梁 8 肢箍，外箍筋是 C18-100（2），内箍筋是 C16-100（6），在定义栏里如何设置？

答：外箍筋在属性里输入，内箍筋在其他箍筋里输入。

88. 问：梁脚手架需要去掉外围梁吗？

答：如果外围的墙已经套了脚手架，那么外围的梁的脚手架就不需要套了。

89. 问：一条梁，两跨不在同一平面上，但是翻样出来的料单应该有一根面筋是可以通长设置的，怎样操作才能达到目的呢？

答：先用一条直线把两跨梁画好，然后在原位标注表格里输入各跨"距左边线距离"，这样那一跨的梁就偏移过去了，然后汇总计算即可。

注意：不能分两段来画，然后偏移过去，这样是不能合并的。

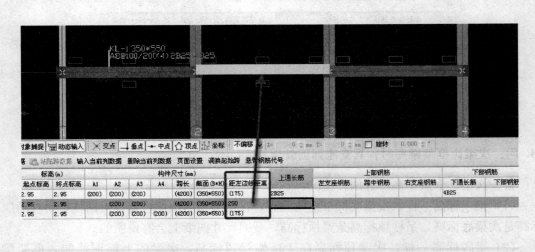

90. 问：软件为什么只给上部总长筋？软件能分开梁上部钢筋吗？

答：梁的上部筋没有分开是因为软件考虑了接头连接的位置，如下图设置，汇总计算后上部钢筋就分开了。梁下部钢筋在端支座处，但支座宽度小于锚固长度时，纵筋是应该弯锚的，在中间支座处，只要左右跨梁底是平的，纵筋是直锚的。

	类型名称	
1	⊞ 公共部分	
18	⊟ 上部钢筋	
19	上部非通长筋与架立钢筋的搭接长度	150
20	上部第一排非通长筋伸入跨内的长度	Ln/3
21	上部第二排非通长筋伸入跨内的长度	Ln/4
22	上部第三排非通长筋伸入跨内的长度	Ln/5
23	当左右跨不等时，伸入小跨内负筋的L取值	取左右最大跨计算
24	上部钢筋连接位置	任意位置
25	上部钢筋弯锚时端头保护层距离	70
26	上部钢筋接头错开百分率（不考虑架立筋）	50%
27	⊟ 下部钢筋	
28	不伸入支座的下部钢筋距支座边的距离	0.1*L
29	下部通长筋遇支座设置	遇支座断开
30	下部原位标注钢筋遇支座设置	遇支座断开
31	下部钢筋连接位置	任意位置
32	下部钢筋弯锚时端头保护层距离	70
33	下部钢筋接头错开百分率	50%
34	下部钢筋连接位置允许进入箍筋加密区	是
35	⊟ 侧面钢筋/吊筋	

91. 问：基础梁变截面，梁顶平，梁底变截面为斜坡，该如何设置？

　　答： 变截面梁可以如下图所示这样输入。但是仅限于图形算量。其他的不可以。

属性名称	属性值	附力
名称	JL-1	☐
类别	基础主梁	☐
材质	现浇混凝	☐
砼标号	(C30)	☐
砼类型	(泵送砼(	☐
截面宽度(mm)	300	☐
截面高度(mm)	300/500	☐
截面面积(m2)	0.12	☐
截面周长(m)	1.4	☐
起点顶标高(m)	基础顶标	☐
终点顶标高(m)	基础顶标	☐
轴线距梁左边	(150)	☐

92. 问：通长悬挑梁角筋为什么只有一根弯起？

答： 悬挑梁的上部钢筋输入 3-2B25，计算的结果不可能只是一根弯起，删除后重新绘制即可。

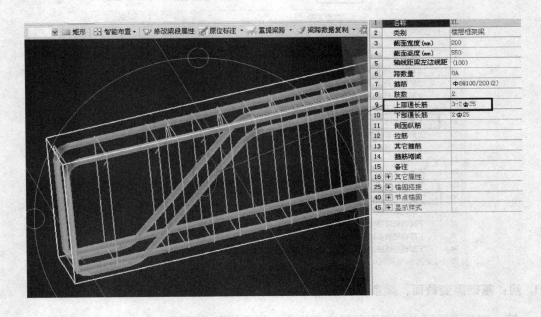

93. 问：图中梁 XL2（XL）是否需要画到 KL15（1）处？

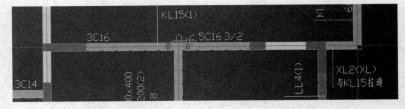

答： 拉通就需要在下图的圆圈中设一个支座，将 KL15 弄成 1 跨带一端悬挑处理的即可。

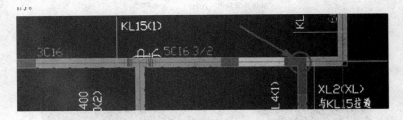

94. 问：1m 高的梁，25 的钢筋，C45 混凝土，二级抗震，为什么弯锚软件算出来钢筋锚固长度是 2010？

答： C45 是柱子的混凝土强度，软件计算梁的锚固长度是根据梁自身的混凝土强度计算的，这一点与规范是不一样的。

梁的混凝土强度是 C30，软件中 C30，二级抗震，HRB400 直径 25 的钢筋锚固长度默认的是 41d，这样减去保护层厚度就是 2010 了。

14	⊞ 其它属性		
23	⊟ 锚固搭接		
24	混凝土强度等级	(C30)	☐
25	抗震等级	二级抗震	☐
26	HPB235(A),HPB300(A)	(35)	
27	HRB335(B),HRBF335(BF	(34/37)	
28	HRB400(C),HRBF400(CF	(41/45)	
29	HRB500(E),HRBF500(EF	(50/55)	
30	冷轧带肋钢筋锚固	(35)	
31	冷轧扭钢筋锚固	(35)	
32	HPB235(A),HPB300(A)	(49)	
33	HRB335(B),HRBF335(BF	(48/52)	
34	HRB400(C),HRBF400(CF	(58/63)	
35	HRB500(E),HRBF500(EF	(70/77)	
36	冷轧带肋钢筋搭接	(49)	
37	冷轧扭钢筋搭接	(49)	
38	⊞ 节点锚固		

95. 问：梁在汇总计算时无法识别跨数是怎么回事？

答： 梁图元布置好后，要提取梁跨或设置支座，支座设置正确之后再进行原位标注，然后才是汇总计算。

一般情况下，梁图元布置完毕后，直接设置支座，设置支座的步骤如下：

（1）点击工具栏的设置支座按钮。

（2）左键选中要设置支座的梁图元。

（3）左键继续点击梁的支座图元，比如柱、剪力墙、框架梁等图元。

（4）点击右键，在出现的对话框中选择"是"。

（5）支座设置完毕。

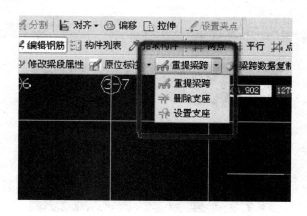

96.问：设置连梁不需要水平筋时该怎样设置？

答： 按规范要求连梁没有注明侧面筋时，应该是墙的水平筋连续通过，如果不需要水平筋连续通过，可以在定义连梁时输入侧面筋的钢筋信息，也可以在画墙时连梁边上的暗柱内剪力墙不画满。

97.问：悬挑梁箍筋变截面 250 * 400-850 在软件中如何设置？

答： 悬挑梁定义时先按一个截面定义，然后在原位标注里修改梁的截面，如截图所示。

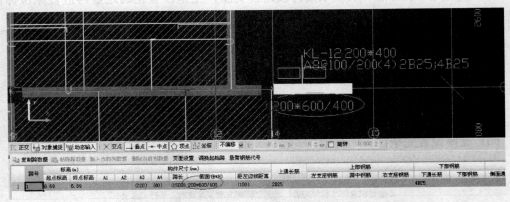

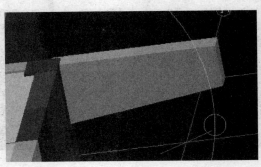

98. **问：软件里如何输入悬挑梁二排弯起钢筋？**

答：在梁平法表格的跨中钢筋输入二排钢筋信息，软件就会自动计算。输入的方式是 6C25　4/2。

99. **问：在软件里次梁加筋怎样表示？**

答：直接填写数量即可，软件自动加到箍筋数量里面，可以在箍筋数量的计算式中看到。如果次梁加筋直径不一样，那就需要填写直径了。

100. **问：如果有主次梁相交的加密区与梁体的集中标注加密区箍筋不相符，该怎样调整？**

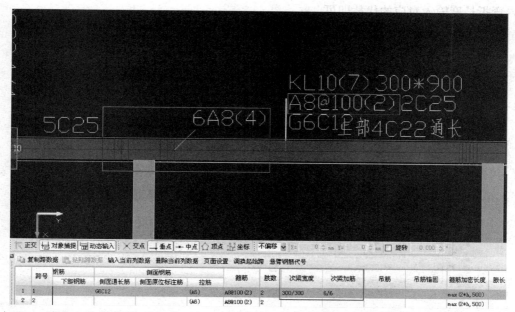

答：在输入次梁加筋时，如果加筋信息同梁的箍筋信息，只输入根数即可。如果加筋的信息与梁的箍筋信息不同，就可以输入根数及箍筋的信息，包括级别、规格及肢数。比如梁的箍筋是 A8@200（2），次梁加筋要求是 6 根 A8 的 4 肢箍，输入 6A8（4）即可。

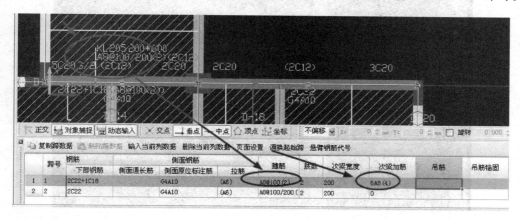

101. 问：暗梁 AL-1 与连梁 LL-1 重合，该怎样绘制？LL-1 在广联达软件中用暗梁绘制还是用梁绘制？

答： LL-1 在广联达软件中用连梁绘制，在门窗—连梁里面，有连梁时暗梁计算不通过。有墙的部位才可以布置暗梁，有洞口的部位才可以有连梁。连梁下部一般为洞口，只需要布置连梁不需要布置暗梁，连梁下部没有剪力墙是布置不上暗梁的。

102. 问：悬臂 6♯钢筋，在 GFY2012 中怎样设置？悬臂二排钢筋要用 2♯钢筋怎样设置？

答： 目前输入是可以设置，但计算的结果无法满足要求，只能是在汇总计算后，在编辑钢筋中进行调整。"GFY2012 悬臂钢筋只有 1♯—5♯没有 6♯钢筋要怎么设置"这也只能是汇总计算后，在编辑钢筋中调整，如果钢筋图号还是没有相应的形状，就选择相似的，弯折长度输入对应的代替即可。

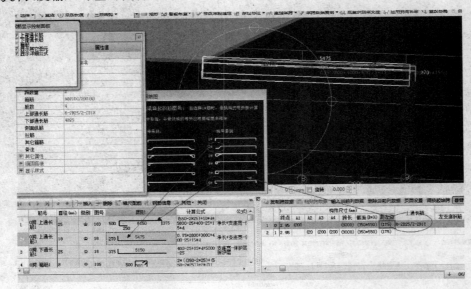

103. 问：下图梁体中有主次梁相交，在主梁上有单加的钢筋，如何在梁体中设置次梁加筋？

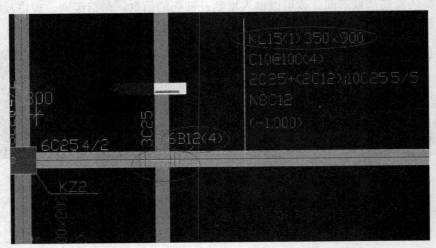

答： 在梁的平法表格中输入次梁宽度，然后就可以输入次梁加筋及吊筋了，两道以上次梁时，用"/"隔开输入。

悬臂钢筋代号							
箍筋	肢数	次梁宽度	次梁加筋	吊筋	吊筋锚固	箍筋加密长度
C10@100 (2)	2	200/200/200	8/8/8	2C16/2C16/2C	20*d	max (1.5*h, 50

104. 问： 连梁上的侧面水平筋该怎样设置？

答： 图纸有标注时，按图纸标注输入，没有标注时，按照墙的水平筋设置计算即可。

105. 问： 钢筋翻样软件里能设置梁垫铁吗？

答： 直接在梁属性的其他箍筋里输入，这样汇总计算后可以查看各个梁的垫铁量。

106. 问： 梁筋长短距施工流水段尺寸如何设置？

答： 目前软件的 998 版本还不能设置，只能在钢筋排布图中通过"移动搭接"来

107. **问：在框架-剪力墙结构中，墙柱和梁的混凝土强度不一样，框架梁在节点区的锚固长度计算是取墙柱混凝土强度还是取梁自身的混凝土强度呢？**

答： 在框架-剪力墙结构中，墙柱和梁的混凝土强度不一样，框架梁在节点区的锚固长度计算取梁的混凝土强度。

108. **问：识别梁后梁颜色为粉色，识别梁原位标注后才变为绿色完成梁识别，但是重提梁跨或识别梁支座，梁也会变成绿色，是什么原因？**

答： 没有提梁跨的梁是粉色的，提取了梁跨以后梁就为绿色。识别完的梁是未提取梁跨的，而原位标注、重提梁跨及识别梁支座，都会自动提取梁跨，因此，无论用哪种操作，梁都是会变成绿色的。

109. **问：怎样把箍筋 6-1 改为 6-3 型？**

答： 梁定义界面，点击肢数便可以选择了。如果都是 6-3 时在计算设置里面修改。

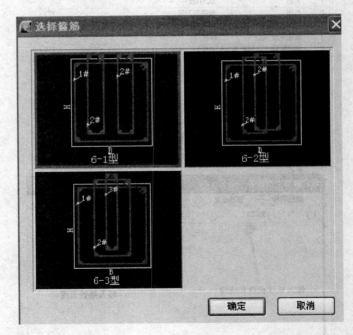

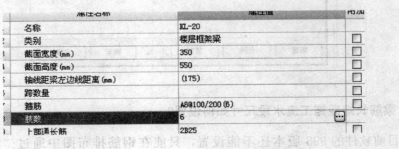

110. 问：承台间的梁是基础联系梁还是基础梁，如何判断？

答：（1）承台间的梁是基础联系梁。（2）简单的判定，如果没有模板，同基础底标高，就是基础梁；独立基础、条形基础、桩基承台之间梁一般为基础联系梁，框架柱之间的梁为框架梁。（3）参看《08G101-11 G101 系列图集施工常见问题答疑图解》第 80、84 页；《11G101-3 平面整体表示方法》第 92 页。

6.9 基础梁、基础连梁、条形承台梁、基础围梁的作用有哪些？在施工中应注意的事项有哪些？

柱下条形基础由基础梁和翼板组成，梁板式筏形基础由基础梁和基础板组成。基础梁主要承受地基反力作用。基础梁的高度一般为柱距的1/4～1/8。

根据《建筑抗震设计规范》GB50011-2001（2008年版）的规定，框架单独柱基有下列情况之一时，宜沿两个主轴方向设置基础连梁（也称联系梁或拉梁）：①一级框架和Ⅳ类场地的二级框架；②各柱基所受的重力荷载代表值差别较大；③基础埋置较深，或各基础埋置深度差别较大；④地基主要受力层范围内存在软弱黏性土层、液化土层和严重不均匀土层；⑤桩基承台之间。另外，奉抗震设计时单桩承台双向（桩与柱的截面直径之比＜2）和两桩承台短向设置基础连梁；梁宽度不宜小于250mm，梁高度取承台中心距的1/10～1/15，且不宜小于400mm。

根据《建筑桩基技术规范》JGJ 94-2008的规定，承台梁分为柱下条形承台梁和砌体墙下条形承台梁。

根据《建筑抗震设计规范》GB50011-2001（2008年版）的规定，砌体房屋的同一独立单元中，基础底面最好处于同一标高，否则因地面运动传递到基础不同标高处而造成震害。如有困难时，则应设置基础围梁并被逐步过渡，不宜有高差上的过大突变。

对于软弱地基上的房屋，在外墙及所有承重墙上设置基础围梁，以增强根桩不均匀沉陷和加强房屋基础部分的整体性。

1）基础梁埋置在较好的持力土层上，与基础底板一起支托上部结构，并承受地基反力作用。

2）基础连梁拉结柱基或桩基承台之间的两柱，梁顶面位置宜与柱基或基础顶面位于同一标高。

3）条形承台梁的纵向主筋按计算确定，并应符合现行国家标准《混凝土结构设计规范》GB 50010-2002关于最小配筋率的规定。主筋直径≥12mm，架立筋直径≥10mm，箍筋直径≥6mm。承台梁端部纵向受力钢筋的锚固长度及构造应与柱下独立桩基承台的规定相同。钢筋锚固长度自边柱内侧（当为圆桩时，应将其直径乘以0.8等效为方桩）算起，不应小于35d；不足时伸至外端向内弯折10d，但保证直水平段长度＞25d。

4）基础围梁设置在条形基础位于±0.00以下的外墙及承重墙上，起构造作用。

5）施工时各类基础构件应对号入座，避免选错构造做法而出现质量问题，甚至返工。

基础梁、基础连梁、承台梁和基础围梁的区别		图集号	08G101-11
审核 刘 敏 刘xx 校对 陈雪光 许x光 设计 陈长兴 许x兴		页	80

6.12 桩基承台间联系梁在承台内的锚固长度应如何考虑？联系梁中的箍筋最大间距是多少？

当建筑基础形式采用桩基础时，桩基承台间的联系梁《建筑桩基技术规范》JGJ 94-2008中有明确的规定。单桩承台宜在两个相互垂直方向设置联系梁；两桩承台，宜在其短方向设置承台梁；有抗震设防要求的柱下独立承台，宜在两个主轴方向设置联系梁；柱下独立桩基承台间的联系梁与单排桩及双排桩的条形承台梁不同，不应把两者的概念混淆。承台联系梁的顶部一般与承台的顶面同一标高，承台联系梁的底部比承台的底部高，是为方便联系梁的纵向钢筋在承台内的锚固。联系梁中的纵向钢筋是根据结构计算配置的；当联系梁的上部有砌体或受竖向荷载时，该构件是拉（压）弯或受弯构件，承台联系梁中的纵向钢筋在承台内锚固长度应按受拉要求锚入承台内。位于同一轴线上的相邻跨联系梁纵筋应拉通；梁内的箍筋是按抗剪计算配置的，也有最大间距的要求；承台及联系梁通常处在二a或二b环境中，纵向受力钢筋在承台内的保护层厚度应满足相应环境中最小厚度的要求。

1）桩基承台间的联系梁中纵向钢筋从柱边线开始锚固，其锚固长度应满足受拉钢筋的最小锚固长度la的要求。

2）联系梁中的箍筋最大间距为200mm，箍筋不设置加密区。

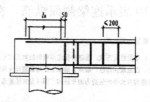

联系梁纵筋在边承台内锚固

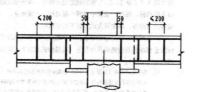

联系梁纵筋在承台内连通

桩基承台间联系梁构造要求		图集号	08G101-11
审核 刘 敏 刘xx 校对 陈长兴 许x兴 设计 陈雪光 许x光		页	84

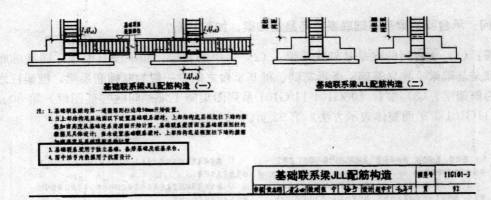

基础联系梁JLL配筋构造（一）　　基础联系梁JLL配筋构造（二）

注：1.基础联系梁的第一道箍筋距边柱边50mm开始设置。

2.当上部结构底层地面以下设置基础联系梁时，上部构造层根部柱下端的箍筋如首层按基础联系梁顶面开始计算，基础联系梁顶面至基础顶面柱的箍筋见具体设计；当未设置基础联系梁时，上部构造层根部柱下端的箍筋如首层按基础顶面开始设置。

3.基础联系梁用于独立基础、条形基础及桩基承台。

4.图中括号内数值用于抗震设计。

基础联系梁JLL配筋构造	图集号	11G101-3
审核 黄志刚 校对 李 宁 设计 赵群兰	页	92

111. 问：梁定义时属性表栏里侧面纵筋是指一边还是两边的钢筋？

答： 定义侧面纵筋都是按总的根数输入的；或者是输入间距。

112. 问：梁打断后，合并的时候不在同一平面上，无法合并是怎么回事？

答： 梁打断后需要偏移，不能通过"偏移"功能来解决，而要采用原位标注表格输入，也就是在原位标注表格里输入要偏移梁段的"距左边线距离"，这样梁就偏移成功，然后合并即可。

跨号		标高(m)		构件尺寸(mm)						距左边线距离	上通长筋
		起点标高	终点标高	A1	A2	A3	A4	跨长	截面(B*H)		
1	1	152.4	152.4	(100)	(150)	(100)	(800)	(1700)	(250*600)	125	3C18

113. 问：LL12（1）350 * 600 A8@100（4）4C16；4C14；N4A10 中的 N4A10 是什么意思？此钢筋在属性里应该如何设置？

答： N4A10 表示连梁侧面纵筋，在连梁属性—其他属性—侧面纵筋栏内输入。

3.3 截面注写方式

3.3.1 截面注写方式，系在分标准层绘制的剪力墙平面布置图上，以直接在墙柱、墙身、墙梁上注写截面尺寸和配筋具体数值的方式来表达剪力墙平法施工图（见本图集第 23 页图）。

3.3.2 选用适当比例原位放大绘制剪力墙平面布置图，其中对墙柱绘制配筋截面图：对所有墙柱、墙身、墙梁分别按本规则第 3.2.2 条1、2、3款的规定进行编号，并分别在相同编号的墙柱、墙身、墙梁中选择一根墙柱、一道墙身、一根墙梁进行注写，其注写方式按以下规定进行：

1.从相同编号的墙柱中选择一个截面，注明几何尺寸，标注全部纵筋及箍筋的具体数值（其箍筋的表达方式同本规则2.2.3条）。

注：约束边缘构件（见图3.2.2-1）除注明阴影部分具体尺寸外，尚需注明约束边缘构件沿墙肢长度 l_c，约束边缘翼墙中沿墙肢长度 l_c 尺寸为2b，时可不注，对于约束边缘阴影部位的根数个 简需注写阴影区内布置的拉筋（或箍筋）。当仅 l_c 不同时，可编为同一构件，但应单独注明 l_c 的具体尺寸并注出阴影区内布置的拉筋（或箍筋）。

设计施工时应注意：当约束边缘构件体积配箍率计算中计入墙身水平分布筋时，设计者应注明。还应注明墙身水平分布筋在阴影区域内设置的拉筋。施工时，墙身水平分

布钢筋应注意采用相应的构造做法。

2.从相同编号的墙身中选择一道墙身，按顺序引注的内容为：墙身编号（应包括注写在括号内墙身所配置的水平与竖向分布钢筋的排数）、墙厚尺寸，水平分布钢筋、竖向分布钢筋和拉筋的具体数值。

3.从相同编号的墙梁中选择一根墙梁，按顺序引注的内容为：

(1)注写墙梁编号、墙梁截面尺寸 b×h、墙梁箍筋、上部纵筋、下部纵筋和墙梁顶面标高高差的具体数值。其中，墙梁顶面标高高差的注写规定同第 3.2.5 条第3款。

(2)当连梁设有对角暗撑时〔代号为 LL（JC）XX〕，注写规定同本规则第 3.2.5 条第5款。

(3)当连梁设有交叉斜筋时〔代号为 LL（JX）XX〕，注写规定同本规则第 3.2.5 条第6款。

(4)当连梁设有集中对角斜筋时〔代号为 LL（DX）XX〕，注写规定同本规则第 3.2.5 条第7款。

当墙身水平分布钢筋不能满足连梁、暗梁及边框梁的梁侧面纵向构造钢筋的要求时，应补充注明梁侧面纵筋的具体数值；注写时，以大写字母N打头，接续注写直径与间距。其在支座内的锚固要求同连梁中受力钢筋。

【例】Nϕ10@150，表示墙梁两个侧面纵筋对称配置为：HRB400 级钢

剪力墙平法施工图制图规则	图集号	11G101-1
审核 郭恒昌 校对 刘 校对 刘升级 设计 高志强 一吕建	页	17

广联达GFY2012钢筋翻样软件应用问答

114. 问：梁的原位标注中"2B16＋（2B12）"表示什么意思？

答： 梁的原位标注中"2B16＋（2B12）"表示梁的这一跨里有 2 根二级 16 的通长筋、还有 2 根二级 12 的架力筋。原位标注仅用于此跨，集中标注用于整个梁。

115. 问：梁一端加密一端不加密该怎样输入？

答： 在梁的原位标注表格那边输入 A8@100（2）［加密长度］；A8@200（2）［净跨－加密长度］，中括号里面是布置长度，用分号隔开即可。

116. 问：梁是主筋在侧边，支撑梁配筋如何输入？

答： 侧面的梁筋可以用抗扭腰筋输入，这样锚固长度同下筋，如果侧面有箍筋可以在其他箍筋里输入，定义时输入的尺寸是扣了保护层后的尺寸。

117. 问：钢筋 KL 的上下筋，软件为什么只给出上部总长筋？下筋为什么到支座处弯折了？

答： 梁的上部筋没有分开是因为软件考虑了接头连接的位置，如下图设置，汇总计算后上部钢筋就分开了；梁下部钢筋在端支座处，但支座宽度小于锚固长度时，纵筋是应该弯锚的，在中间支座处，只要左右跨梁底是平的，纵筋是直锚的。

	计算设置	节点设置	箍筋设置	搭接设置	箍筋公式	

○柱/墙柱　○剪力墙　◉框架梁　○非框架梁　○板　○基础　○基础主梁/承台梁　○基础次梁　○

	类型名称	
1	⊞ 公共部分	
18	⊟ 上部钢筋	
19	── 上部非通长筋与架立钢筋的搭接长度	150
20	── 上部第一排非通长筋伸入跨内的长度	Ln/3
21	── 上部第二排非通长筋伸入跨内的长度	Ln/4
22	── 上部第三排非通长筋伸入跨内的长度	Ln/5
23	── 当左右跨不等时，伸入小跨内负筋的L取值	取左右最大跨计算
24	── 上部钢筋连接位置	任意位置
25	── 上部钢筋弯锚时端头保护层距离	70
26	── 上部钢筋接头错开百分率（不考虑架立筋）	50%
27	⊟ 下部钢筋	
28	── 不伸入支座的下部钢筋距支座边的距离	0.1*L
29	── 下部通长筋遇支座设置	遇支座断开
30	── 下部原位标注钢筋遇支座设置	遇支座断开
31	── 下部钢筋连接位置	任意位置
32	── 下部钢筋弯锚时端头保护层距离	70
33	── 下部钢筋接头错开百分率	50%
34	── 下部钢筋连接位置允许进入箍筋加密区	是
35	⊟ 侧面钢筋/吊筋	

118. 问：厂房图纸中的 ML、MT 代表什么？

答： ML、MT 是厂房图中经常见到的门樘的混凝土构件，其中 ML 是门樘顶上的门梁，MT 是门樘两边的门樘柱，在厂库大门标准图集中会见到详图。

119. 问：在广联达钢筋翻样软件 GFY2010 中，为什么基础梁的上部筋不能识别？

答：基础梁不能识别，需要自己建模画图处理。

120. 问：梁导图时，为什么有的梁跨必须进行重新提取？梁图元为什么无法绘制？

答：导图时，有时会出现错误，因此需要通过【设置梁支座】或【删除梁支座】修改；可以不用重提梁跨，梁图元无法绘制可能是和已有梁构件重叠或者不在交点位置。

121. 问：非框架梁是按轴线绘制的，计算后为什么支座宽度也只是到轴线，而不会自动识别墙宽或圈梁的宽度？A0、A1 等尺寸必须手工输入吗？

答：不要手工输入的，有时没有识别支座时，只要选择这根梁点一下重提梁跨识别即可。

122. 问：KL2（2A）其中 2A 表示什么意思？

答：梁编号后边括号内数字，表示梁跨，带 A 的是一端悬挑，带 B 的是两端悬挑。KL2(2A)，就是框架梁 2，两跨带一端悬挑。

123. 问：圈梁 L 形、十字形转角筋的计算及设置方法是什么？

答：（1）在 GFY2012 中，圈梁在其他属性中可以设置 L 形加筋，如截图所示。

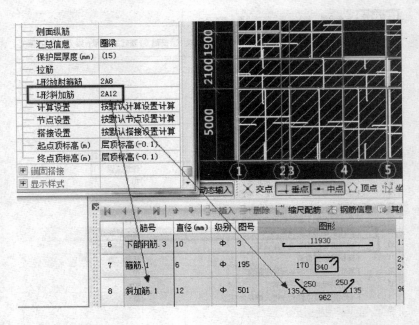

（2）如果有十字形转角筋，可以在单构件中计算。

124. 问：桩上梁式承台是定义承台还是定义基础梁？

答：应该用承台梁来定义。

	属性名称	属性值	附加
1	名称	CTL-1	
2	类别	承台梁	☐
3	截面宽度(mm)	550	☐
4	截面高度(mm)	600	☐
5	轴线距梁左边线距离(mm)	(275)	☐
6	跨数量		☐
7	箍筋	A8@200(4)	☐
8	肢数	4	
9	下部通长筋	4C25	☐
10	上部通长筋	4C20	
11	侧面纵筋	N2C14	
12	拉筋	(A8)	
13	其它箍筋		
14	备注		☐
15	⊞ 其它属性		
26	⊞ 锚固搭接		

125. 问：卧梁箍筋加密怎样处理？

答： 定义构件时定义为基础梁（或框架梁）即可，可以设置加密箍筋。

126. 问：LL1（1A）连梁的末端有原位标注，应该如何设置？

答： 可以用非框架梁来定义并画图，在原位标注里输入截面及钢筋信息。

127. 问：KL-5 不能与第 2 层分层 1 的 KL-5（ID 为 3278）重叠布置，汇总计算后出现错误提示，是怎么回事？

答： 需要修改一下，在定义时是否修改梁顶标高时计算错误，造成两个梁的顶标高重复。

128. 问：下图中基础联系梁锚入承台长度为什么会出现 0.5＊2600＋5＊d，37＊d?

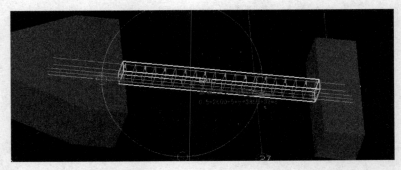

答：软件是按默认的基础联系梁遇基础时做法，联系梁主筋伸入支座至基础中心，遇柱或梁时按锚固。锚固长度在 11G101 图集中是按混凝土强度等级和钢筋级别和抗震等级来判断的。

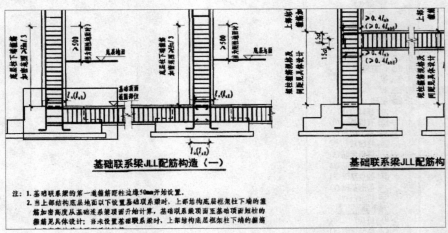

基础联系梁JLL配筋构造（一）   **基础联系梁JLL配筋构**

注：1.基础联系梁的第一道箍筋距柱边缘50mm开始设置。
2.当上部结构底层地面以下设置基础联系梁时，上部结构底层框架柱下端的箍筋加密高度从基础连系梁顶面开始计算，基础联系梁顶面至基础顶面短柱的箍筋见具体设计；当未设置基础联系梁时，上部结构底层框架柱下端的箍筋

受拉钢筋基本锚固长度 l_{ab}、l_{abE}

钢筋种类	抗震等级	混凝土强度等级								
		C20	C25	C30	C35	C40	C45	C50	C55	≥C60
HPB300	一、二级 (l_{abE})	45d	39d	35d	32d	29d	28d	26d	25d	24d
	三级 (l_{abE})	41d	36d	32d	29d	26d	25d	24d	23d	22d
	四级 (l_{abE}) 非抗震 (l_{ab})	39d	34d	30d	28d	25d	24d	23d	22d	21d
HRB335 HRBF335	一、二级 (l_{abE})	44d	38d	33d	31d	29d	26d	25d	24d	24d
	三级 (l_{abE})	40d	35d	31d	28d	26d	24d	23d	22d	22d
	四级 (l_{abE}) 非抗震 (l_{ab})	38d	33d	29d	27d	25d	23d	22d	21d	21d
HRB400 HRBF400 RRB400	一、二级 (l_{abE})	—	46d	40d	37d	33d	32d	31d	30d	29d
	三级 (l_{abE})	—	42d	37d	34d	30d	29d	28d	27d	26d
	四级 (l_{abE}) 非抗震 (l_{ab})	—	40d	35d	32d	29d	28d	27d	26d	25d
HRB500 HRBF500	一、二级 (l_{abE})	—	55d	49d	45d	41d	39d	37d	36d	35d
	三级 (l_{abE})	—	50d	45d	41d	38d	36d	34d	33d	32d
	四级 (l_{abE}) 非抗震 (l_{ab})	—	48d	43d	39d	36d	34d	32d	31d	30d

受拉钢筋锚固长度 l_a、抗震锚固长度 l_{aE}

抗震	抗震	
		1. l_a 不应小于200。
l_a	l_{aE}	2. 锚固长度修正系数 ζ_a 按右表取用，当多于一项时，可按连乘计算，但不应小于0.6。
	$l_{aE} = \zeta_{aE} l_a$	3. ζ_{aE} 抗震锚固长度修正系数，对一、二级抗震等级取

受拉钢筋锚固长度修正系数 ζ_a

锚固条件	ζ_a	
带肋钢筋的公称直径大于25	1.10	
环氧树脂涂层带肋钢筋	1.25	—
施工过程中易受扰动的钢筋	1.10	
	3d	0.80

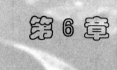

第 6 章

板

1. **问**：在钢筋翻样软件中，板钢筋中板负筋和跨板负筋的分布筋，为什么是断开设置的呢？

   答：软件目前还没有好的方法来把这两种分布筋合并计算，因此现在只能自己手动修改，即删除任意一个负筋的分布筋，然后把另一负筋的分布筋加长。

2. **问**：人防顶板底筋在中间支座锚固是多少？

   答：人防图集里也没有说明到板中间支座的锚固要求，建议咨询设计人员。

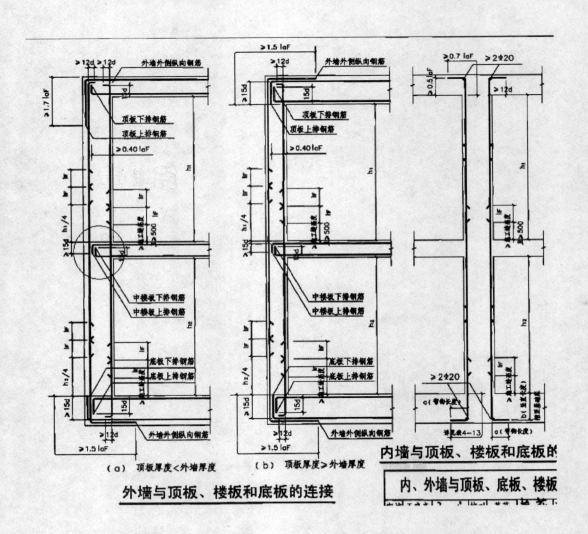

（a）顶板厚度<外墙厚度　　　（b）顶板厚度>外墙厚度

外墙与顶板、楼板和底板的连接

内墙与顶板、楼板和底板的

内、外墙与顶板、底板、楼板

3. **问**：图纸顶层顶板配筋图上说明，顶板中部单层钢筋区域附加温度筋18@200，应该怎样定义？

   答：选择板-受力筋，然后选中板厚点击单板，再点击XY方向，点击出现下图所示，然后按照提示输入信息，确定。钢筋三维查看一下即可。

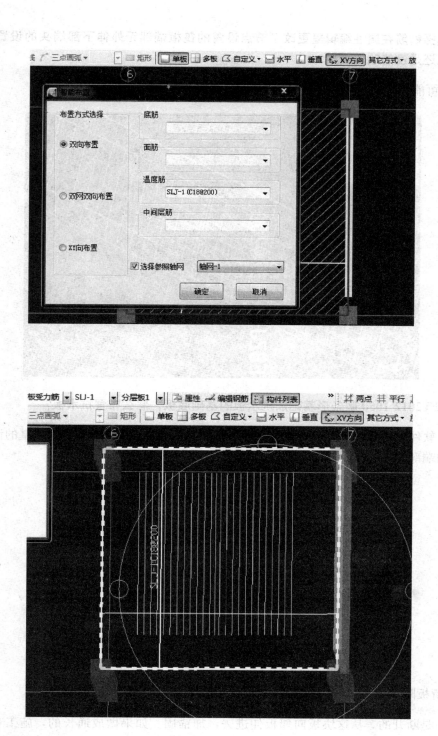

4. 问：斜板超过三点时，用什么方法来定义？

　　答：常规情况下，当斜板超过三点时，可以将板分割开，使之成为多块三点板，这样就可以用三点定义斜板功能来处理。常见的有当坡道拐弯处一边是直角时就是这种情况。

5. 问：选择钢筋在属性编辑里更改了节点设置的筏板端部无外伸下部端头的设置，为什么还是没能改变结果？

  答：可能是筏板遇到了基础梁、承台或其他构件，如下图所示。

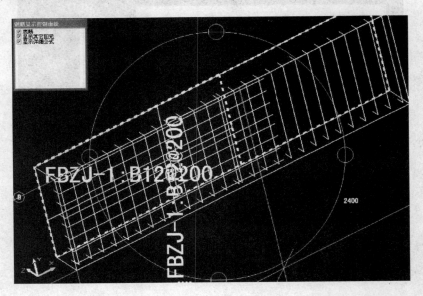

6. 问：GFY2012 1050 版条形基础加抗水板的基础底板，怎么布置抗水板？

  答：软件里可以处理，抗水板按整块布置，如果防水板主筋没有锚入条基的话可以把抗水板的端部弯钩定义为一个锚固长度即可。

7. 问：折板阳角处面筋算出来不是通长，在阳角处断开了是什么原因？

  答：是断开的。从这块板向邻板伸进去，加锚固。如果做成通长的，施工难度会增大，通常施工时，是按锚固来做的。

8. 问：筏板基础里一根钢筋两端是螺纹 25，中间是螺纹 18 时，怎样绘图？

  答：定义好筏板受力筋后，用自定义布筋范围来定义。

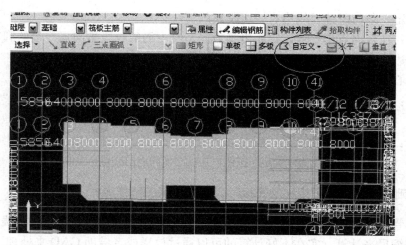

9. 问： 筏板内有柱墩，和底标高不同、顶标高相同的两块筏板，采用多板布置相同钢筋的设置，钢筋翻样计算后上部筋不是通筋是怎么回事？

答： 软件里在定义柱墩时默认筏板底和面筋都是断开的，如果想把筏板筋拉通计算，可以把默认的是选择为否即可。如下图所示。

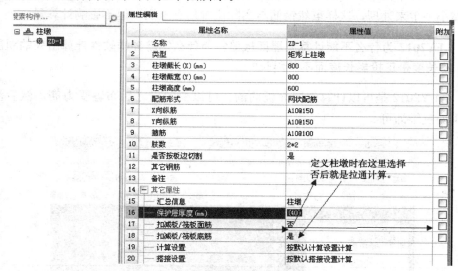

10. 问： 图中所注板负筋长度为其伸入板内长度是什么意思？

答： 图纸上标注的数字是指伸入板内的长度，也就是从板边开始计算的意思。

11. 问： 在筏板基础里怎样布置放射筋？

答： 放射筋一般不在图中画，在单构件里直接输入多长的多少根即可，布置参见以下步骤。

按照弧线布置放射筋：

第一步：选择一种布筋范围后，在菜单栏点击"绘图"→"放射筋"→"按照弧线布置放射筋"，在绘图区选择板图元,选中的板显示为紫色；

第二步：选择板的一条弧形边，选中的边显示黄色，可以使用"shift＋左键"输入偏

第6章 板

155

移值，来确定一条与所选弧线边有一定距离的弧线；

第三步：在板内点击一点，绘制出受力筋，受力筋的一段指向弧线边的圆心位置，另一端与弧线边垂直。

按照圆心布置放射筋：

第一步：选择一种布筋范围后，在菜单栏点击"绘图"→"放射筋"→"按照圆心布置放射筋"，在绘图区选择板图元，选中的板显示为紫色；

第二步：在绘图区域内点击一点作为放射筋的圆点，软件弹出"请输入半径"界面；

第三步：输入半径后，点击"确定"按钮，在板图元内点击一点，绘制出受力筋，完成操作。

12. 问：基础筏板，碰到不规则的筏板时，该如何手工翻样呢？

答：不管什么样的筏板，有一条定律是不变的，即筏板主筋要平行于轴线，不规则的地方只能按缩尺来计算，实在不好计算的可以通过放样或者借助 CAD 来处理。

13. 问：筏板下柱墩为双层钢筋，（如 X 向 C25@150，Y 向 C25@150，在钢筋网上还有一层 X 向 C25@150，Y 向 C25@150，中间用垫铁隔开了）如何输入？

答：在软件中柱墩一般是按单层钢筋来设置的，如果是双层钢筋时，可以把单层钢筋的间距缩小一半来处理，这样虽然钢筋与实际位置稍有差别，但不影响计算量。

14. 问：GFY2012 为什么不能计算斜屋面板筋？为什么钢筋翻样软件计算出来的斜屋面板筋长度是正投影长度而不是斜长？

答：GFY2012 是可以计算斜屋面板筋的。可以变斜板之后布置受力筋，然后汇总计算，看钢筋三维即可。

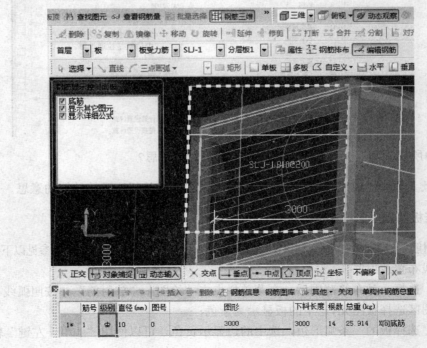

15. 问：筏板底面筋在实际中长跨方向一般是很长的，原材料是 9m，该怎样设置搭接？

答：下料软件中接头设置应该是选择按规范要求，然后再选择定尺长度如：4.5m、6m、9m、12m。图中是预算要求的定尺长度的定义方法，依据是定额规定的长度，或者甲乙双方定好的长度。

16. 问：现浇板部分板比其他板顶标高低，受力筋在软件画图时三维显示在板的上部，与楼层标高一致，而没有降低到与低标高的板平齐，该怎样处理？

答：只是显示问题，不影响量的。

17. 问：厚度不一的板怎样定义？

答：同一板跨内有板厚不一样的现象，可以先按一种厚度定义，画好后选中这块板，用分割的功能从板厚度变化处分割后，选择修改另一不同板厚度，最后再合并起来，就可以了。如果不是同一块板定义时建议按板的厚度定名称。

18. 问：规范要求板面筋在跨中 1/2 净跨范围内搭接，在软件中怎样设置？

答：目前软件无法设置板面筋的搭接位置，只能在板筋的排布图里通过"设置搭接线"的功能来实现。

19. 问：梁集中标注面筋只有架立筋，而且两端支座只一端支座有支座筋，另一端支座钢筋怎么处理？

答：这种情况下另一端的支座筋也输入架立筋的信息，只不过不加（）号，这样软件计算的结果是架立筋和另一端的支座筋合并计算的，与已标注的支座筋搭接。

20. 问：筏板基础，筏板板厚 600mm，面筋的附加筋是 C16 的，附加筋的弯钩应为多长？

答：在筏板中部的面筋附加筋是不需要设置弯钩的，只有当附加筋在筏板端部时，才需要设置弯钩，弯钩的长度同筏板主筋的端部构造。

21. 问：软件计算梁拉筋的结果，只减掉了 10mm 的保护层，如果要调整拉筋的保护层，该怎么调整？

答：在计算设置中，框架梁、非框架梁里的公共部分有这一项的设置，默认的拉筋保护层厚度是 10mm，可以改成 20 mm 就适合施工了。

| 8 | 8 | Φ | 6 | 485 | 180 | 180+20*d |
| 9 | 9 | Φ | 8 | 195 | 450 150 | 2*450+2*150+20*d |

22. 问：4C10 如何绘制？

答：如果用自定义线或拦板构件来定义并画图时，可以在纵筋栏中输入，也可以在其他钢筋中输入。

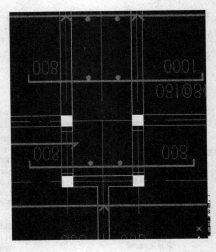

23. 问：下图板上的圆点是什么钢筋？

答：是相应位置钢筋的分布筋，至于它的规格和间距，可能要在说明中查看。

24. 问：板钢筋汇总完后为什么会出现很短的配筋？

答：应该是绘制的板不规则，造成板周边支座长度不一致，这样计算出来钢筋会出现

长短不一样。

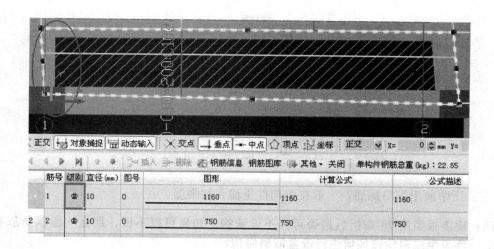

25. 问： GFY2012 筏板集水坑定义中，编辑钢筋的修改数据为什么不能体现在打印的料单中，料单中怎么会出现 8.98m、9.02m 之类的钢筋，模数设置是 9m 定尺？

答： 在编辑钢筋里修改了数据后要锁定，然后再汇总计算，这样修改的数据才会体现在料单里。9.02m 的钢筋是没有考虑钢筋的弯曲调整值，但实际施工中是要考虑的。另外一个原因是软件要考虑接头的位置，这种情况是接头位置不好设置才出现了超过 9m 的钢筋。

26. 问： 筏板基础的跨中板带的钢筋怎样绘制？

答： 定义基础板带，在新建基础板带中选择基础跨中板带，然后在基础跨中板带定义中，上部受力筋和下部受力筋栏中输入钢筋信息，并按要求在计算节点设置里设置好，然后画上基础板带即可完成。

在基础板带中建立基础跨中板带，在下、上部钢筋栏中输入受力钢筋信息，在其他属性中设置好节点，然后按板带位置画图即可。

27. 问：下图板洞周围的钢筋该怎样布置？

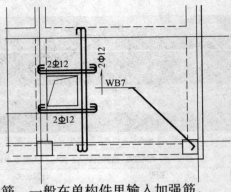

答：图中属于洞口加筋，一般在单构件里输入加强筋。

28. 问：现浇板负筋 90°弯折后是否可以不设弯钩，如果可以不设，那么一级钢负筋在软件里生成弯钩该如何进行设置取消弯钩？

答：把软件默认的面筋伸入支座的锚固长度重新按下图设置，计算的结果就没有 180°弯钩了。

	类型名称	
1	☐ 公共设置项	
2	起始受力钢筋、负筋距支座边距离	50mm
3	分布钢筋配置	同一板厚的分布筋相同
4	分布钢筋长度计算	和负筋(跨板受力筋)搭接计算
5	分布筋与负筋(跨板受力筋)的搭接长度	150
6	温度筋与负筋(跨板受力筋)的搭接长度	11
7	分布钢筋根数计算方式	向下取整+1
8	负筋(跨板受力筋)分布筋、温度筋是否带弯勾	否
9	负筋/跨板受力筋在板内的弯折长度	板厚-2*保护层
10	纵筋搭接接头错开百分率	50%
11	温度筋起步距离	s
12	板钢筋最小弯折长度	100
13	板钢筋弯钩时端头保护层距离	100
14	板钢筋排距离	按规范计算
15	板钢筋采用丝扣连接时，端头丝扣截法	端部采用正反丝扣
16	拉筋弯钩形式设置	按规范计算
17	☐ 受力筋	
18	板底钢筋伸入支座的长度	max(ha/2,5*d)
19	面筋(单标注跨板受力筋)伸入支座的锚固长度	ha-bhc+h-bhc
20	受力筋根数计算方式	向上取整+1

29. 问：板上分布钢筋是指什么？

答：就是与负板筋垂直用扎丝与负板筋连接的小钢筋，一般间距为 150～200mm 直径一般为 6～8 个，搭接长度为 150mm 的钢筋。作用是固定受力钢筋的位置并将板上的荷载分散到受力钢筋上，同时也能防止因混凝土的收缩和温度变化等原因开裂，但并不是指负板筋。

30. 问：马凳筋在三维中如何查看？

答：汇总计算后，查看板钢筋量只显示马凳钢筋量。

31. 问：用软件计算出来负筋的数量为什么会有重复？

答：出现重复计算与布置有关系，可以点选这个钢筋，三维中就会出现亮点，就可以看到钢筋计算的位置了。

广联达GFY2012钢筋翻样软件应用问答

32. 问：马凳筋怎么计算？板厚 300mm，钢筋 C16@200，则 L1、L2、L3 各是多少？

答： 板的保护层厚度为 15mm，按 I 型马凳筋来说，L1 的长度可以取 100mm，只要制作时机械好弯就行了；L2＝300－15＊2－16＊3，其中 15＊2 是上下保护层厚度，16＊3 是 3 根钢筋的直径；L3≥间距 200mm 就可以了，一般取间距＋50mm。

33. 问：筏板钢筋上下层都是二层时怎样定义？

答： 筏板主筋的定义和布置是不分一排和二排的，C32/28@150 是表示 C32 和 C28 隔一布一，两者实际间距为 150mm。

如果筏板主筋设计有二排，则还是按一排布置，即分两次布置，计算结果不受影响。

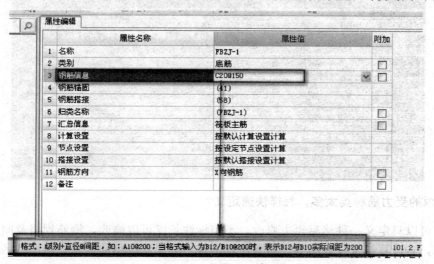

34. 问：跨度为 11m 的板受力筋在什么位置绑扎最节省钢筋？

答： 规范要求底筋在距离支座 1/4 净跨范围内搭接，该跨度为 11m 的板受力筋正好用一根 9m 的定尺钢筋接一根短筋，不浪费材料。

规范要求面筋在跨中 1/2 净跨范围内搭接，则用 4.5m 的钢筋接一根稍长的钢筋，既符合规范又不浪费钢筋。

35. 问：板面钢筋在跨中 1/3 处搭接在何处修改？

答： 在排布图界面，点击"设置搭接线"，根据界面下方的提示操作。

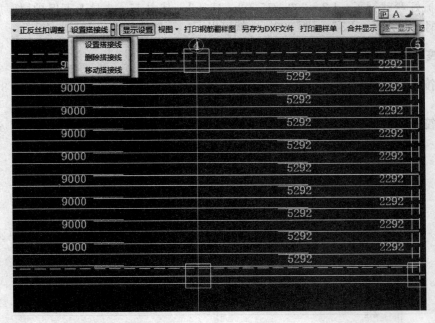

36. 问：板的受力筋种类太多，怎样快速定义？

答： 可以只定义一种然后再去修改，不但标注长度可以修改，钢筋规格及间距都是可以修改的，对计算结果没有影响。但要注意的是，如果修改钢筋信息，负筋的名称也要相应地修改一下，比如可以在名称后面加上后缀。

37. 问：GFY 2012 软件中挑板的具体绘制方法是什么？

答： 用直线布置，捕捉点时采用"Shift＋左键"偏移点的功能，操作如下图。

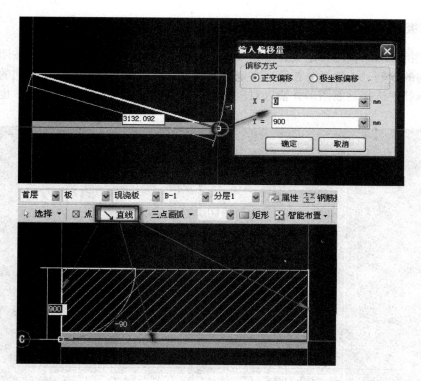

38. 问：已做好某工程，另一工程 3～18 层中的梁板跟之前的工程一样，如何复制到新工程？

答：点开新建的工程文件，在文件—合并工程—打开存放 3～18 层梁板的文件—如图—确定即可。

39. 问：挑板上有斜板，斜板的受力筋锚在挑板上该如何定义？

  答： 把挑板和斜板用自定义异形线来定义，在编辑异形线的截面编辑里按图示编辑截面，把纵向的钢筋（一般是分布筋）在定义中的纵筋栏中输入总根数，把横向的短受力钢筋在其他钢筋中选择钢筋图形并输入对应的钢筋信息，然后用直线画图即可。也可以用挑檐来画图。

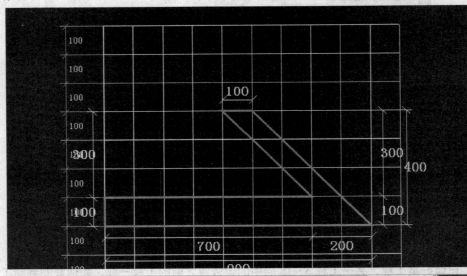

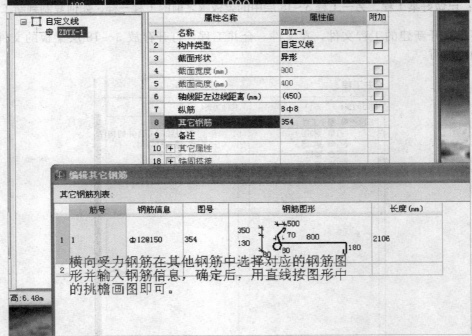

横向受力钢筋在其他钢筋中选择对应的钢筋图形并输入钢筋信息，确定后，用直线按图形中的挑檐画图即可。

40. 问：止水板的作用是什么？一般有多宽？

  答： 止水板的作用是防水，一般有 300mm 宽。

41. 问：某工程楼板上安装密肋盒，在软件中怎样布置？

答： 直接定义异形梁或者参数化梁绘制，然后绘制板即可。

42. 问：如何绘制板的转角加筋？

答： 板的转角加筋一般在单构件里输入比较简单，在左侧导航栏中，单构件输入，然后新建构件，添加上构件后，在其中选择钢筋图形并输入钢筋信息，根数一般是图纸中给出的，多是 5 根，也有的是 7 根，外侧长度从轴线到板的外边缘，内侧长度一般可以按板的跨度的 1/4。

43. 问：现浇板钢筋为什么不按照编号进行自动汇总？

答： 需要在排布图里或编辑钢筋里修改钢筋信息，如果修改过，板筋的计算结果不一样的话也不会合并的。

44. 问：计算时负筋设置成了同规格，查看三维图，为什么分布筋有的地方没有呢？

答： 有双层钢筋的地方会没有。

45. 问：三维图只到梁中，会影响工程的钢筋数量吗？

答： 不影响钢筋数量，不需要修改。

46. 问：在板带上画钢筋后，楼板还用绘制钢筋吗？

答： 板带是板带的钢筋，板带的钢筋不包含楼板的钢筋，因此，楼层板带钢筋布置好了还要布置楼层板的钢筋。

47. 问：在现浇混凝土的楼板上面放线，用经纬仪怎样确定轴网第一个点？

答：（1）若是框架结构

① 用激光铅直仪往留好的放线洞上投点，洞上留块透明的塑料板。激光铅直仪架好后转 90°三次，每次画一个点。完成后 4 个点连成线，中间的焦点就是全站仪或经纬仪的对中点。至少投上来 3 个点，即东西南北主控点，其中一个是用来校 90°准不准的。

② 主控制点打完后，弹出东西南北的主控制线。

③ 算出框架柱的边线距主控制线的距离后就可以放线了。框架柱的边线和控制线都要放出来。控制线是用来检查模板的垂直度的。

④ 一般有的工地因人而异，还要把框架柱的轴线放出来。

（2）若是剪力墙结构

① 同上①。

② 同上②。

③ 按照图算出主控线到剪力墙边线的尺寸、剪力墙柱封头尺寸、剪力墙端部尺寸，放出其边线及控制线，就可以了。

还有一个主要的问题就是，不管是框架柱边线还是剪力墙边线，都要从主控线拉尺寸，误差是累计的。

48. 问：下图集水坑盖板检查口旁的加筋应该怎样布置 4 根钢筋？

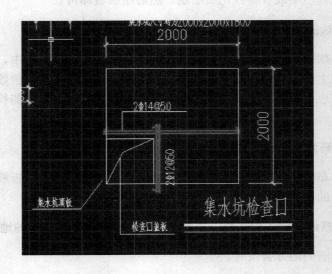

答： 可以用洞口这个构件，洞口构件属性中有一个洞口长边和短边加筋。注意长边和短边钢筋信息要输入正确，从本图看，长边钢筋为 12，短边加筋是 14。长边和短边的区分是洞边对应的跨长，长的为长跨，是次筋，短边是主筋。

49. 问：下图节点怎样绘制？

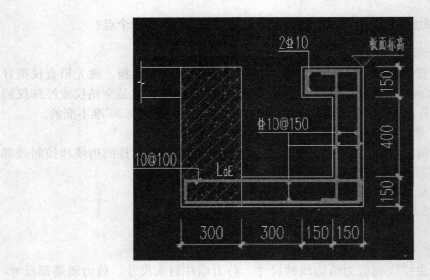

答： 最下面的用板绘制，右侧和最上面的用栏板来绘制，栏板里有这种 7 字形的构造。

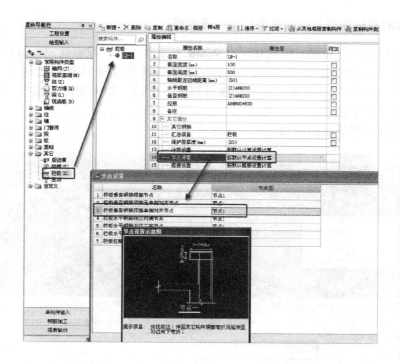

50. 问：筏板底筋和面筋的标注（C20＋C22）@200，是什么意思？

答：同种钢筋间距为200，C20与C22的间距是100。

51. 问：为什么车库顶板同样布置板带与受力筋计算结果却不一样？

答：在板带设置的时候，把板带属性中的计算设置调整一下，即起始受力筋距支座的距离，调整后再次计算，根数应该就对了。

	类型名称	设置值
1	☐ 公共设置项	
2	起始受力钢筋、负筋距支座边距离	s/2
3	分布钢筋配置	A8@250
4	分布钢筋长度计算	和负筋(跨板受力
5	分布筋与负筋(跨板受力筋)的搭接长度	150
6	温度筋与负筋(跨板受力筋)的搭接长度	11
7	分布钢筋根数计算方式	向下取整+1
8	负筋(跨板受力筋)分布筋、温度筋是否带弯勾	否
9	负筋/跨板受力筋在板内的弯折长度	板厚-2*保护层
10	纵筋搭接接头百分率	≤25%
11	温度筋起步距离	s
12	☐ 受力筋	
13	板底钢筋伸入支座的长度	max (ha/2, 5*d)
14	板受力筋/板带钢筋按平均长度计算	否
15	面筋(单标注跨板受力筋)伸入支座的锚固长度	能直锚就直锚, 否

提示信息：

确定　　取消

52. 问：布置的斜板钢筋三维效果为什么是直的呢？

答：是这样的，斜板受力钢筋在三维中显示都是水平的，没有按照斜板斜下去，但计算的结果要区别使用哪个钢筋软件，GGJ2009 算量软件计算结果是按斜长计算的，而 GFY2012 翻样软件计算结果是按水平长度计算的，所以，如果用翻样软件，要在编辑钢筋里把计算结果调整过来。

下图是翻样软件计算的结果。

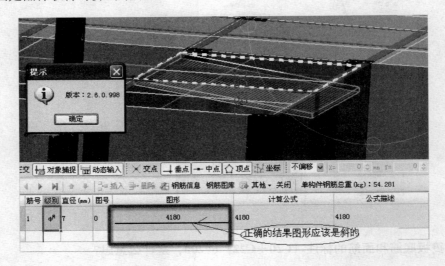

53. 问：在筏板周围有防水板，防水板主筋伸入筏板 450mm，该如何绘制？

答：在筏板周围有防水板，防水板主筋伸入筏板 450mm，可以把筏板和防水板分别用两块筏板来定义，然后再按防水板和筏板的钢筋来分别定义筏板主筋，在属性中的计算节点设置里把筏板相交构造节点里的锚固长度修改为 450mm。

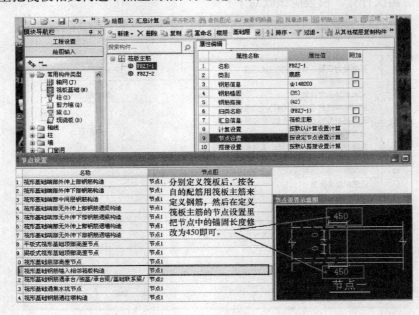

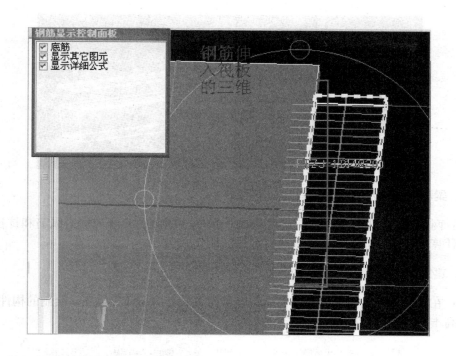

54. 问：矩形板和弧形板怎样连通布置受力筋？

　　答：用多板布置受力筋是可以做到的。

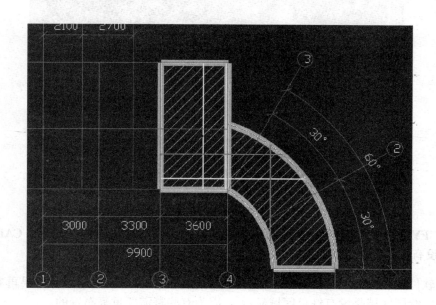

55. 问：相邻筏板为高低板，设计要求同软件计算设置内节点设置平板筏板顶部高差节点二，但软件为什么不能按此要求计算呢？

　　答：布置筏板主筋时要采用多板布置，这样软件才会按节点设置的计算。

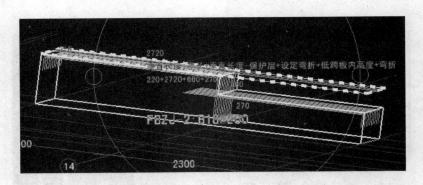

56. 问：梁和栏板的水平筋计算有什么不同？

    答：两个构件计算的结果肯定是不同的；梁里的侧面纵筋分为构造纵筋和抗扭纵筋，这两种计算就不同。栏板的纵筋一般按水平筋计算。

57. 问：建立某一楼层的板和梁构件时，板指的是顶板还是底板？

    答：在软件里都是按顶板绘制，在软件界面下方有层高和底标高，绘制的构件标高就是底标高＋层高后的标高。

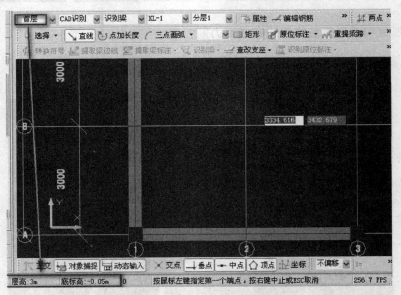

58. 问：GFY2012 中，板筋校核后提示"布筋范围重叠"，双击错误图元后，CAD 图上却没有红色区域显示，该如何处理？

    答：软件提示"布筋范围重叠"，是提示该范围已经布置了钢筋了，如果再布置就会重复计算，绘图区域是没有红色区域显示，因为有些是需要重复布置的。

    根据图纸查看是否要重复布置，不需要则要修改。

59. 问：如何在同一层同一个位置绘制两块标高不同的板？

    答：定义板时，根据板标高设定两个不同标高的板，画在同一位置即可。

60. 问：有 YKB1752 空心板的图集吗？

答：没有，因为就没有这种长度型号，都是以 300 为模数，有 YKB1852，做预算只能先按这个来计算，然后工程量用 TJ×17/18 即可。

61. 问：一般预制板的钢筋参照图集套用几级钢筋？怎样选取？

答：自己手算出来后按套用级钢，因为预制板里面差不多都是圆钢，而且直径很细，其中大部分都为直径 4mm。在钢筋抽样中算这个钢筋（在单构件输入），这样汇总出来报表会把这些钢筋归为直径为 6.5mm 以下的，不再区分直径为 3mm、4mm、5mm 了。

62. 问：为什么现浇板钢筋的负筋在不规则平面布置时，不会像底筋一样进行缩尺配筋？

答：负筋有长度标注，不会缩尺。

63. 问：现浇板底部受力筋为什么在墙和梁里面也有钢筋？

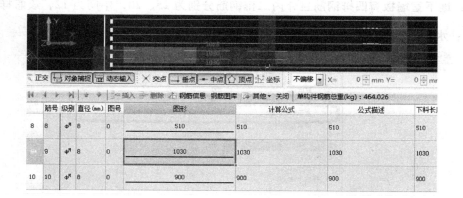

答：如果不需要直接删除然后将构件锁定即可。

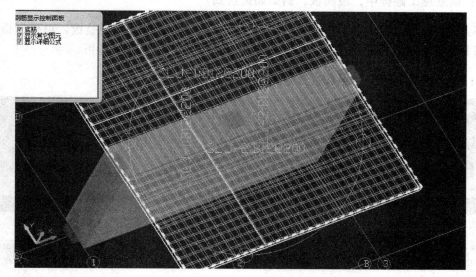

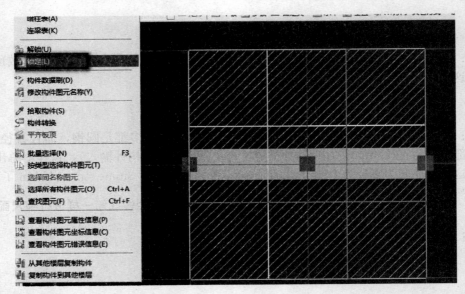

64. 问：地下室墙板有四排钢筋且外内二排钢筋分别为 25、20，中间为 12，该怎样定义？

　　答：水平筋输入方法如下图所示。

65. 问：钢筋施工翻样中，坡面板、斜梁如何绘制？

　　答：坡屋面板，先画一块整板，然后套上 CAD 根据屋脊线分割整板，再根据板屋脊顶标高和板下檐的标高来三点定义斜板。做好斜板后使梁平齐板顶即可。

66. 问：下图板负筋计算结果和计算设置不一致是怎么回事？

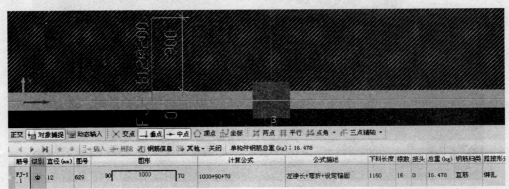

答：把计算设置里软件默认的"板钢筋弯锚时端头保护层距离 100"也要修改成 60，这样计算的结果就是支座宽减 60 了。

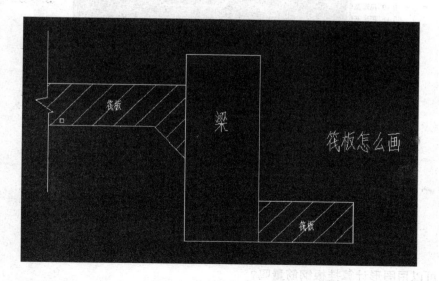

	类型名称	
1	⊟ 公共设置项	
2	起始受力钢筋、负筋距支座边距离	50mm
3	分布钢筋配置	A6@250
4	分布钢筋长度计算	和负筋(跨板受力筋)搭接计算
5	分布筋与负筋(跨板受力筋)的搭接长度	150
6	温度筋与负筋(跨板受力筋)的搭接长度	200
7	分布钢筋根数计算方式	向下取整+1
8	负筋(跨板受力筋)分布筋、温度筋是否带弯勾	否
9	负筋/跨板受力筋在板内的弯折长度	板厚-2*保护层
10	纵筋搭接接头错开百分率	50%
11	温度筋起步距离	s
12	板钢筋最小弯折长度	100
13	板钢筋弯锚时端头保护层距离	100
14	板钢筋错开距离	按规范计算
15	板钢筋采用丝扣连接时,端头丝扣做法	端部采用正反丝扣
16	拉筋弯钩形式设置	按规范计算
17	⊞ 受力筋	
31	⊟ 负筋	
32	单标注负筋锚入支座的长度	ha-60+h-2*bhc
33	板中间支座负筋标注是否含支座	否
34	单边标注支座负筋标注长度位置	支座内边线
35	负筋根数计算方式	向上取整+1

67. 问：下图筏板的边坡该如何定义？

答：先把左侧定义一块筏板，然后定义一块筏板在基础梁部分画上图，再设置筏板变截面，把右侧下部的再定义一个筏板，分别画图后再定义基础梁，画梁即可完成。

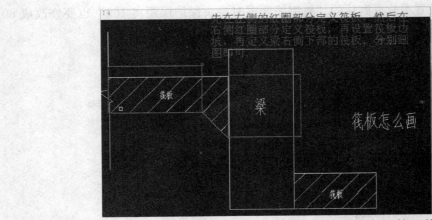

68. 问：筏板封边构造是上部下部弯折后错开 200mm，软件中钢筋三维显示是上下弯折 12d，如何设置？

答： 在节点设置里把 1、2 两项选择节点二，并把软件默认的 150mm 改成 200mm 即可。

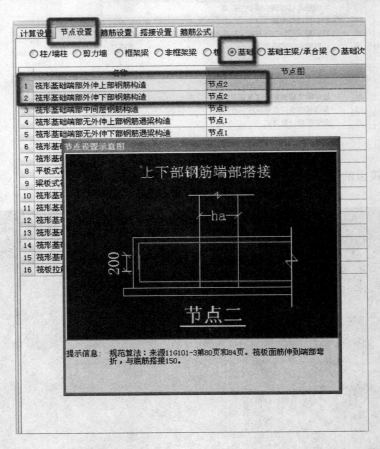

69. 问：可以用图形计算挂板钢筋量吗？

答： 图形中算钢筋的方法是：计算出每平方米的钢筋含量，修改工程量表达式为挂板

面积 * 含量。

70. 问：钢筋翻样斜板中间有人字形板，斜板钢筋如何定义？

答：这种斜板不管中间有没有脊，翻样软件 GFY2012 都无法计算斜板的钢筋长度，现在最新的 998 版本都没有这个功能，软件还是按平面尺寸计算的。即使是算量软件也不能计算这种中间有脊的斜板，但 GGJ2009 可以计算斜板钢筋的长度，这一点比翻样软件先进。可以按普通板定义受力筋，汇总计算后在编辑钢筋里或在板钢筋排布图、钢筋加工里都可以修改，改好后锁定即可。

71. 问：下图筏板 5m 宽、7m 长的马凳怎样设置？

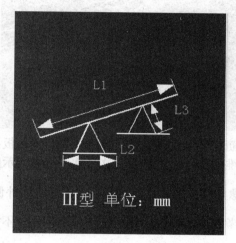

答：预算时可以参考输入，L3＝筏板厚度－筏板上下保护层厚度。L2 要跨过两根底部受力筋。

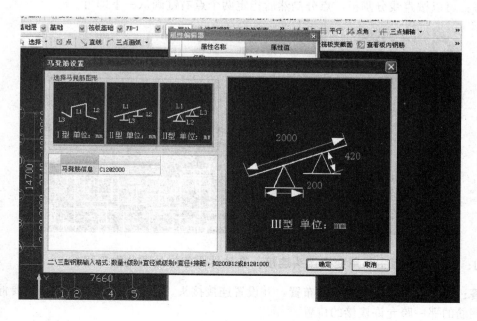

72. 问：上层板接头位置如何控制？

答：板的钢筋接头位置底筋在支座附近的 1/4 范围内，上筋在跨中的 1/3 范围内。如果是筏板接头的位置正好与板相反，底筋在跨中的 1/3 范围内，上筋在支座附近的 1/4 范围内。

73. 问：在 GFY2012 软件中，为什么先布置了斜板，后布置钢筋，会出现下图的情况？

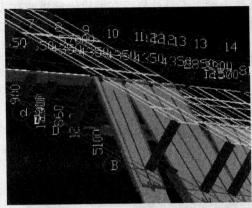

答：一般是先布置钢筋然后再布置斜板，也可以先布置斜板再布置钢筋，不管先画钢筋还是先画斜板钢筋在三维中显示都是平的，这是软件三维显示的问题，不影响算量。

74. 问：无梁筏板需要考虑接头位置吗？那么墙是转角墙吗？外侧需要计算大包脚吗？

答：无梁筏板不需要考虑接头位置，墙不是转角墙，外侧不需要计算大包脚。

75. 问：板可以进行直线分割吗？

答：可以按直线分割板，点分割然后指定两个点右键确认一下即可。

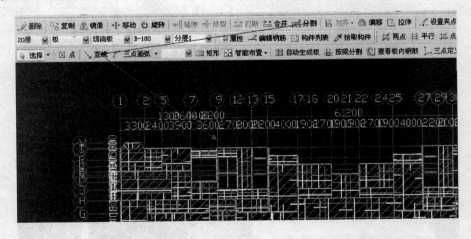

76. 问：某工程筏板主筋用变径接头连接，在软件中怎样处理此类工程？

答：在板排布图中采用画线布置，并设置连接接头。注意的是大直径的钢筋要伸到小直径钢筋的那一跨允许连接的位置。

77. 问： 下图为什么布置筏板时没有钢筋的编制布置，定义的界面和上传的图片一样？

	属性名称	属性值	附加
1	名称	FB-3	
2	混凝土强度等级	(C30)	☐
3	厚度(mm)	800	☐
4	底标高(m)	层底标高	☐
5	保护层厚度(mm)	(40)	☐
6	马凳筋参数图		
7	马凳筋信息		☐
8	线形马凳筋方向	平行横向受力筋	☐
9	拉筋		☐
10	拉筋数量计算方式	向上取整+1	☐
11	马凳筋数量计算方式	向上取整+1	☐
12	筏板侧面纵筋		☐
13	归类名称	(FB-3)	☐
14	汇总信息	筏板基础	☐
15	备注		☐

答： 筏板的钢筋信息在筏板主筋和筏板负筋中定义，筏板基础仅仅是布置筏板的，筏板钢筋是需要用筏板主筋和筏板负筋来布置的，如下图所示。

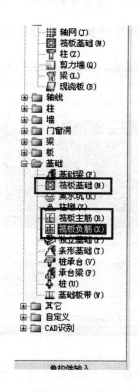

78. 问：什么情况下使用跨板受力筋？

答： 像下图所示这种情况需要使用跨板受力筋画。

79. 问：基础筏板上下重叠如何定义？

    答：可以用两个筏板来定义，然后设置变截面来处理。

80. 问：板的受力筋汇总计算后，会显示多余的、奇怪的筋号是怎么回事？

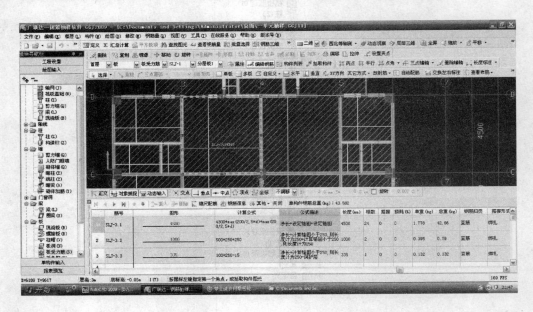

    答：是因为布置梁的时候没有布置到轴线交点上，以至于 X 向和 Y 向的梁没有相交，也就是没有形成一个封闭区域（布置板的时候又采用的矩形布置）。这样软件计算板受力筋时在梁没有相交的地方也计算了板受力筋。在钢筋三维里点击多余的筋号就能看清楚了。按快捷键"Z"隐藏暗柱，能看到两个方向的梁没有相交。

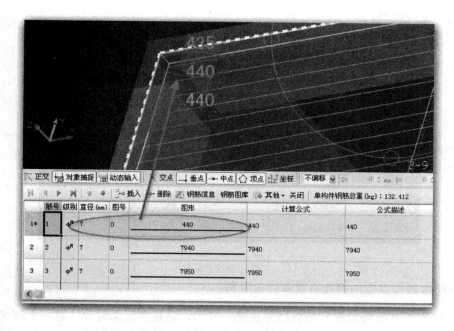

81. 问：板厚和标高一致时，筏板中面筋有 12 和 14 如何布置？

答：（1）如果是局部有不同的规格钢筋，可以用设置布筋范围来布置；（2）如果是隔一个间距就换一种型号，可用间距来处理，比如 C12@200 和 C14@200，只能布置为 C12@400 和 C14@400，误差相对有些大；（3）也可以用 C12/C14@200 来布置。

82. 问：筏板及板、墙水平筋错开 50%，上下板筋可以在同一个面上吗？

答：板类构件的主筋接头上筋和下筋是分开的，首先都要考虑接头的位置要求（筏板底筋的接头在跨中 1/3 范围内，筏板的面筋接头在支座附近的 1/4 范围内），接头的百分率也就是指同一个面上的接头百分率（上边是上边的，下边是下边的）。普通墙的水平筋两侧可以是一起计算接头百分率的，只有人防墙是不可以的，因为内外侧水平筋的接头位置也是不同的。

83. 问：钢筋翻样中先用双板画升降板，升降板钢筋为什么是贯通的？然后用单块先画标高高的板，再画标高低的板，为什么两块板筋高低之间的连接方式不对呢？用编辑钢筋里的图号可以更改钢筋形状然后再锁定，锁定之后为什么在三维显示的钢筋里不是更改锁定之后的钢筋形状，而是第一次计算之后的钢筋形状呢？

答：目前软件在楼层板这一块还没有升降板的节点做法，只能在编辑钢筋里修改了。在编辑钢筋里修改的钢筋三维是显示不出来的，所以改过之后三维显示的还是第一次计算的钢筋形状。

84. 问：顶板是双层双向的，上部钢筋采用绑扎搭接，需要考虑搭接位置。软件计算出来没有考虑搭接位置，如何设置？

答：软件目前还不能设置板面筋搭接的位置，只能在板钢筋布置图中通过"移动搭

接"功能来进行调整。

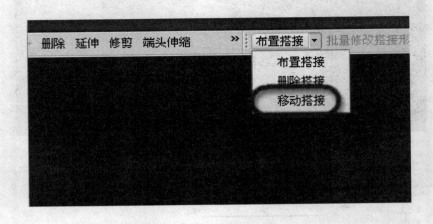

85. 问：防水板和筏板的钢筋布置有什么区别？

答： 防水板和筏板的钢筋布置的方法是一样的，只是在定义时要注意一下防水板主筋端部的弯钩与筏板的主筋端部的弯钩是不同的。其他的做法是相同的。

86. 问：板中的降板怎样绘制（板中一部分降 50mm 做卫生间）？

答： 板与板标高相差小于板厚的，直接调整板面标高即可，不需要做任何特殊处理。

87. 问：定义板时，单板和多板怎样区分？

答： 单板即是钢筋在板边断开，多板即通过去不断开。无论哪种对计算都不会有大的影响。

88. 问：圆形板的环形钢筋怎样布置？

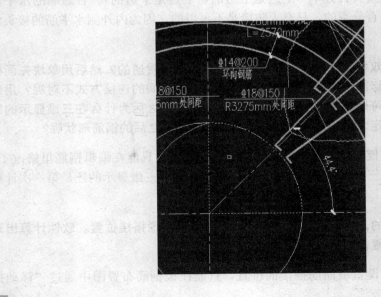

答：（1）点击单板—其他方式—选择平行边布置受力筋。

（2）定义受力筋—选择单板—点击板边—右键—柱表左键点击板。

（3）汇总计算。

如下图所示。

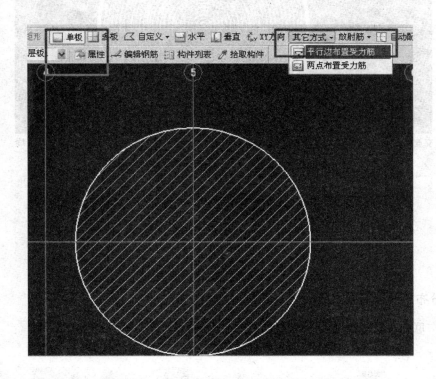

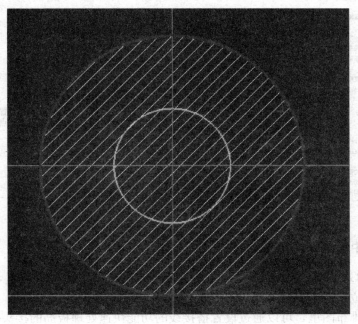

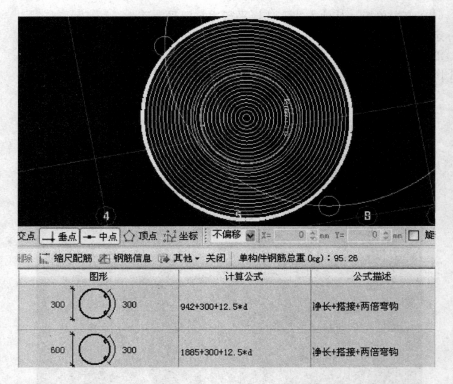

图形	计算公式	公式描述
300 ⊙ 300	942+300+12.5*d	净长+搭接+两倍弯钩
600 ⊙ 300	1885+300+12.5*d	净长+搭接+两倍弯钩

89. 问：**分布筋怎样定义？**

答：广联达软件中分布筋设置方法如下图所示。

	类型名称	设置值
1	⊟ 公共设置项	
2	起始受力钢筋、负筋距支座边距离	50mm
3	分布钢筋配置	A8@200
4	分布钢筋长度计算	和负筋(跨板受力筋)搭接计算
5	分布筋与负筋(跨板受力筋)的搭接长度	150
6	温度筋与负筋(跨板受力筋)的搭接长度	150
7	分布钢筋根数计算方式	向下取整+1
8	负筋(跨板受力筋)分布筋、温度筋是否带弯勾	否
9	负筋/跨板受力筋在板内的弯折长度	板厚-2*保护层
10	纵筋搭接接头百分率	≤25%
11	温度筋起步距离	s
12	⊟ 受力筋	
13	板底钢筋伸入支座的长度	max(ha/2,5*d)
14	板受力筋/板带钢筋按平均长度计算	否
15	面筋(单标注跨板受力筋)伸入支座的锚固长度	la
16	受力筋根数计算方式	向上取整+1
17	受力筋遇洞口或端部无支座时的弯折长度	板厚-2*保护层
18	柱上板带下部受力筋伸入支座的长度	la
19	柱上板带上部受力筋伸入支座的长度	la

单个钢筋也可设置，集中在工程设置–计算设置–点板

90. 问：**GFY2012 中双向顶板钢筋怎样快速做出钢筋下料单？**

答：翻样软件 GFY2012 目前并不能按规范处理板上部钢筋的接头位置，只能设置梁、柱纵筋的接头位置。

但在板的钢筋排布图里，可以通过设置搭接线的功能快速处理板筋的接头位置。如下

广联达GFY2012钢筋翻样软件应用问答

图所示。

设置搭接线的操作可以根据界面下方的提示操作。

91. 问：（C22＋C20）@200 在筏板上表示什么意思？

答：这表示 C22 的间距是 400mm，然后 C20 实际间距也是 400mm，这就是隔一布一，总间距是@200。

92. 问：现浇板直接做在墙上，墙上没设圈梁，现浇板负筋的长度为什么只计算净长加弯钩，而不计算锚固呢？

答：应该是软件没有把砖砌墙当作支座，画板时按外皮画即可，这样负筋可以按线长定义。

93. 问：布置板底受力筋时，采用单板和多板布置有什么区别吗？

答：布置板底受力筋时，采用单板布筋和多板布筋有区别，但是区别不大。单板布置比多板布置相对来说要慢，不过按单板布置符合现场实际施工（因为现场施工钢筋通长不好操作，都是按单板配筋施工的），建议板底筋按单板布置。板上部面筋必须按多板布置。

94. 问：空心楼板肋梁中肋上只有架力筋和肋上负筋怎样绘制？

答：空心楼板肋梁在软件里按非框架梁定义，架力筋定义时输入在（）内，负筋在原位标注里按图纸给的位置输入即可。上部通长钢筋 2B25＋（2B12）或者是只有（2B12）。

95. 问：用筏板的负筋代替封边筋可以吗？

答：只要钢筋长度设置和封边筋一样，计算结果就不会有偏差。

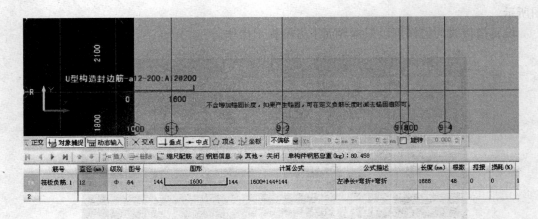

96. 问：板的施工下料受力筋和端部负筋的锚固长度是多少？

答：受力筋就是施工中所说的底筋，一般锚入墙内 2/3 即可；而端部负筋就是施工中所说的担子筋（爬筋），进入墙 2/3 并向下带拐即可。

97. 问：在负筋定义时设置了分布筋的大小，钢筋料单又没有负筋下面的分布筋是怎么回事？

答：选择构件在编辑中查看有没有分布筋，如果没有就是在定义时没有正确定义上，可以在属性中添加上去再重新汇总计算。

98. 问：筏板基础中的排水沟在钢筋算量中如何布置？

答：筏板基础中的排水沟在钢筋算量中可以用集水坑构件来定义，通过调整集水坑的长度和标高来处理对应的排水沟问题。

99. 问：下图点画板时，为什么软件提示"不能在非封闭区域布置"？

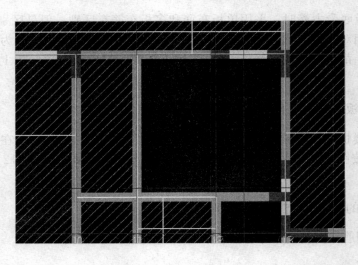

答：图片右边垂直向和上边水平，向只要剪力墙处没有梁，就无法用点的方法布置板了，可以用"矩形或直线"的方法布置板。

100. 问：在绘制板图的过程中，两块相邻的板是用同一属性绘制的，是否需要合并？

答：合并不合并都可以，因为布置钢筋可以选单板和多板的。

101. 问：现浇板短边尺寸大于 4000mm 时，板上中部需增设温度钢筋网，配置 A8-200 双向筋与板负筋搭接 300mm，应该怎样用软件设置？

答：可以根据板的宽度和长度来判断是否需布置温度筋，然后定义温度筋并画上图即可。钢筋的搭接长度可以在计算设置中进行设置。

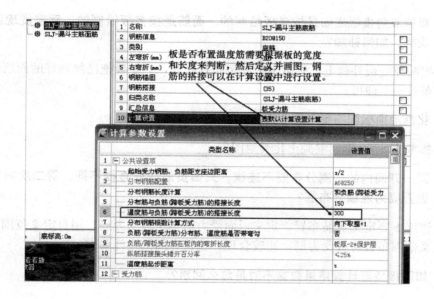

102. 问：检查合理性时检测到碎板，该如何处理？

答：选择是，让软件帮我们处理即可。

103. 问：左右标注所在的相邻板，图纸要求一边是：A8@200，一边是 A8@250，在板受力筋中该怎样输入分布筋？

答：软件可以自动处理两侧分布筋不同时的做法，在工程设置中板的设置里把分布筋按板的厚度来确定就可以了。参考下图。

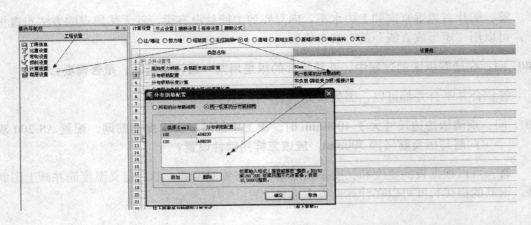

104. 问：双层双向楼板底筋是按单板绘制的，面筋是按多板绘制的，后来发现漏掉了一块板，如何补加？

答：把漏掉的板补画上，然后采用单板布置底筋，只是要把已经画好的面筋删除，重新用多板布置一下即可。

105. 问：化粪池顶板配筋参考哪个图集？

答：参考 03S702 钢筋混凝土化粪池图集。

106. 问：同一开间内的一侧分布筋不连续，只因负筋钢筋直径不同，需二次布置，如何设置成为连续分布筋？

答：建议不要定义负筋布置，定义板面受力筋和跨板受力筋，用自定义范围布置受力筋，自定义范围布置跨板受力筋，比较合理，也符合图纸设计要求。

107. 问：如图板负筋计算结果数据不对是怎么回事？

	筋号	直径(mm)	级别	图号	图形	计算公式	公式描述	
1	板负筋.1	8	Φ	64	70 1060 120	900+70+200-20+15*d	左净长+弯折+设定锚固	1
2	板负筋.2	8	Φ	64	70 2000 70	1000+1000+70+70	左净长+右净长+弯折+弯折	2
3	板负筋.3	8	Φ	64	120 1080 70	900+200-20+15*d+70	右净长+设定锚固+弯折	1
4	分布筋.1	6	中		1200	1100-50+150	净长-起步+搭接	1

答：从钢筋编辑的表格里可以看出，同一根钢筋出现了多种长度，其主要原因是布置的梁或剪力墙没有画到两个方向轴线的交点上。

处理方法是：切换到梁或剪力墙的界面，把梁或剪力墙延伸到中轴线的交点上，然后汇总计算，板负筋就只有一种尺寸了。

广联达GFY2012钢筋翻样软件应用问答

第 7 章

基础

1. 问：只有平面图时，下图楼梯如何绘制？

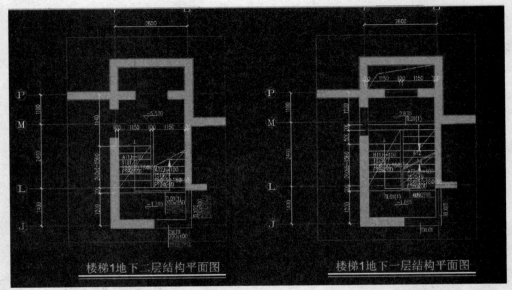

答： 这种剪力墙包围的楼梯是直接从下一层到上一层的楼梯，没有中间的平台板，现在很常见。属于 AT 型楼梯，这个是双层双向直径为 8mm 的钢筋，间距为 150mm，分布筋直径 8mm，间距 200mm。

在单构件里查询图集即可完成。因为是标准楼梯，把钢筋信息数、尺寸输进去即可。

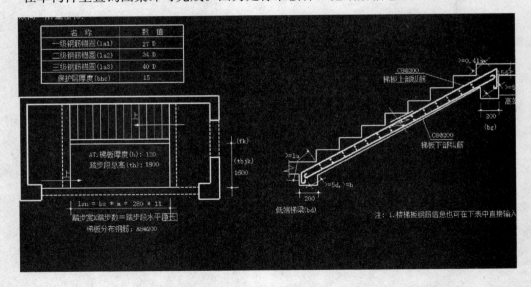

2. 问：图纸中的独立基础钢筋标注中，基础钢筋配筋 C12-100　0.95L，0.95L 是什么意思？

答： L 是独立基础钢筋的长度，当钢筋的长度大于一定数值时，独立基础钢筋长度按 0.95L 取值。

3. 问：广联达软件中汽车坡道怎样绘制？

　　答： 如果汽车坡道不是弧形的，可以布置好平板，点工具栏上"三点定义斜板"，点选相应的板，再点板角显示的标高，输入新的标高，回车连续输入三个标高，斜板就形成了。如果汽车坡道有弧形的，弧形这块就要用螺旋板布置了。

4. 问：A2000，B2000，a1：350，a2：350，b1：350，b2：350，Hj：600，h1：300，h2：300，这样的独立基础怎样定义？

?号	b×h	A	a₁	a₂	a₃	B	b₁	b₂	b₃	b₅	C	H	Hj	Ho	h₁	h₂	h₃	h₄
ZJ	600×600	2000	350	350		2000	350	350					600		300	300		
	600×600	3600	800	700		3600	800	700					800		500	300		

　　答： 这样的独立基础按两台定义，里面的相对底标高就是相对基底标高，比如最底下一台就是 0，高 300mm，那么第二台相对底标高就是 0.3m。

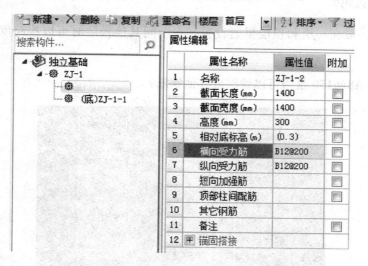

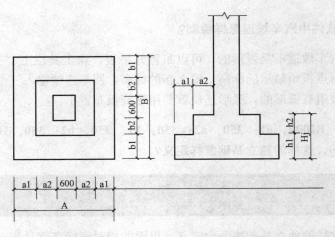

5. 问：全楼长 65000mm，其中 XB 进深 7500mm，开间是 3750mm，负弯矩筋不设计贯通全楼可以吗？

答：负筋一般在一层和顶层贯通设置，在中间其他楼层时可以按跨度大小来设置短负筋。

6. 问：压墙筋 A8@150 是否可以绘制成其他钢筋？

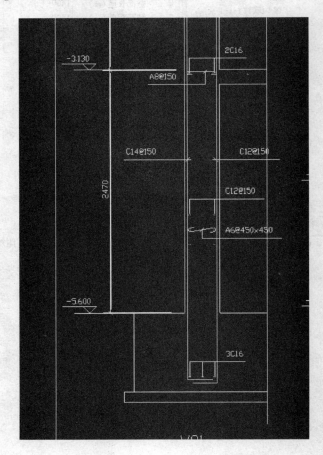

答：图中 A8@150 和 2C16 可以用暗梁来定义，2C16 在上部钢筋里输入，A8@150 在拉筋栏输入，如下图所示。

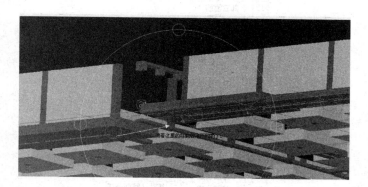

7. **问**：柱筋深入基底，如果基底标高不一样该怎么处理？

    答：这个问题绘图时注意一下即可，基础层里的竖向构件不定义，直接把基础上层的竖向构件复制到基础层，这样软件就是按不同的基础底计算了。

8. **问**：整板基础怎么区分受拉钢筋和受压钢筋？

    答：一般来说，在底层的是受压钢筋，在面层的是受拉钢筋。

9. **问**：某工程基础主筋是双层双向直径 22mm 的，在基础底筋二排有加筋，面筋二排也有加筋，如何定义？

    答：软件里筏板主筋和筏板负筋是不区分一排和二排的，图纸上的二排附加筋直接用筏板负筋定义，绘制时布置到相应的位置即可，软件会正确计算其钢筋量的。

10. **问**：某工程房屋一层以下一半有地下室，一半为基础，定义楼层时定义了地下室为负一层、基础层，根据柱表定义柱构件，为什么会出现两个基础层？

    答：这种情况可以按最低的基础来定义基础层，在基础层中按基础的实际标高来分别

画基础，把上边的柱或墙手工调整标高到基础顶。还有一种方法就是按低基础到地下室底标高为基础层，在基础层处理低基础，把较高的基础在负一层中处理。

11. 问：GFY2012 中独立基础与基础柱都绘制完成，汇总计算后发现翻样表上的基础柱所有纵筋都是采用搭接处理的，本工程为钢结构厂房工程，基础柱标高－1.8～－0.05，现场实际不搭接为单根钢筋，如何调整才能显示下料为单根钢筋？

答：柱子已经画好了的话，就框选所有柱，然后在柱属性里把插筋构造选择为"纵筋锚固"，再汇总计算即可。

	属性名称	属性值
1	名称	?
2	类别	框架柱
3	截面编辑	否
4	截面宽(B边)(mm)	700
5	截面高(H边)(mm)	600
6	全部纵筋	?
7	角筋	
8	B边一侧中部筋	
9	H边一侧中部筋	
10	箍筋	A10@100/200
11	肢数	?
12	柱类型	(中柱)
13	其它箍筋	
14	备注	
15	+ 芯柱	
20	− 其它属性	
21	节点区箍筋	
22	汇总信息	柱
23	保护层厚度(mm)	(20)
24	上加密范围(mm)	
25	下加密范围(mm)	
26	插筋构造	纵筋锚固 ▼
27	插筋信息	设置插筋 / 纵筋锚固
28	计算设置	按默认计算设置
29	节点设置	按默认节点设置
30	搭接设置	按默认搭接设置
31	箍筋公式	按默认箍筋公式
32	顶标高(m)	-0.5

12. 问：CTL JL 的顶标高为 0.5m，一层为 0m，二层为 4.1m，怎样设置楼层和标高？

答：在钢筋软件中可以根据图纸具体标高设置基础层顶标高和首层顶标高，在图形设置基础层顶标高为 0。

2	第2层	2.15	☐	4.1	1
1	首层	4.15	☑	-0.05	1
0	基础层	1.2	☐	-1.25	1

13. 问：基础层底标高以及顶标高怎样确定？图形算量和钢筋算量的标高一样吗？

答：基础层底标高是指基础底标高，基础层的顶标高一般为正负零或首层的结构底标高。图形算量和钢筋算量的标高可以一样也可以不一样。

14. 问：筏基标高不同，筏基基底在高低处怎样设置边坡？

答： 操作方法如下图所示。

15. 问：需要建立一个夹层，在某层楼中分别建立了分层 1 和分层 2 的梁、板。

（1）计算后，在报表输出中，能否单独出分层 1 或者分层 2 的梁板料单？

（2）在动态观察状态下，能否隐藏一个分层的显示？

（3）分层的层顶标高能设定吗？

（4）广联达钢筋翻样软件能否建立子楼层？

答：（1）在定义梁板筋时在名称栏里填写分层 1 或分层 2，如：KL1（1）分层 1，板也是同样设置，在画的时候按所需定义的名称类别分层绘制。计算完后在报表输出里有个设置范围，勾选梁板名称有分层 1 或分层 2 的标识即可。

（2）无法做到，因为动态观察是整层楼观察。

（3）可以设置，首先在设置各构件时就把分层标高填好，如：楼板标高是 3m 而分层标高是 2.5m，这样就在定义梁板筋时的其他属性里把起点和终点标高栏里的层顶标高改为 -0.5m 即可。

（4）软件无法做到。

16. 问：为什么砌体加筋自动生成后乱七八糟的？

答： 自动生成是根据柱与砌体相交的地方全部生成，这样就会有许多重复的地方，必须进行调整。

17. 问：条基里的钢筋怎样输入？

答： TJB 在软件里用条基来定义，JZL 用基础梁来定义，柱子侧面的八字角一般在单构件里直接输入结果。

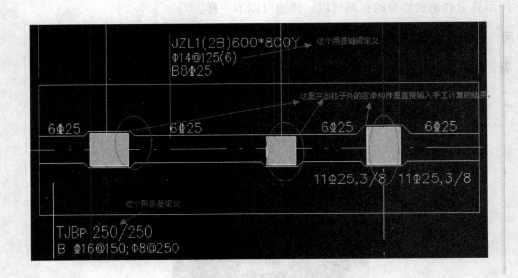

18. 问：地基梁 h_w 超过 450mm 时需要加腰筋吗？

答：地基梁是否加腰筋要根据设计确定，如果设计没有要求就不需要设置，而楼层梁就不一样了，当 $h_w \geqslant 450mm$ 时要设置构造腰筋。

软件里当 $h_w \geqslant 450mm$ 时，所需要加设的腰筋也需要我们自己输入，可以用"生成侧面纵筋"的功能，或者在原位标注表格里输入。

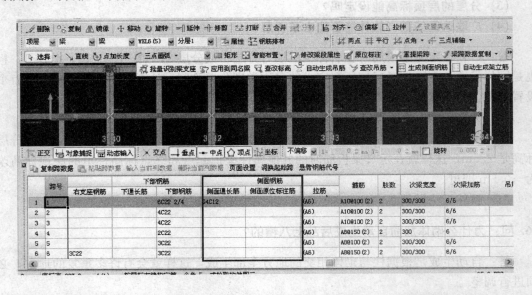

19. 问：某工程下层墙 550mm 厚，上层墙 450mm 厚，软件计算后钢筋直接伸到了上层，没有进行变截面的弯折计算和插筋计算，这个问题怎么处理？

答：在属性里的垂直钢筋信息前面加上＊号，然后汇总计算，垂直筋就在该层弯折锚固了。

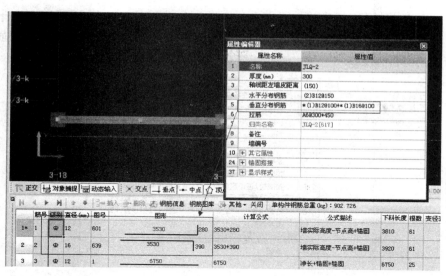

20. 问： 马凳筋排数，属性值中的"1/1"代表什么意思？

答： 这是板负筋的分布筋，是左右一边一排马凳筋的意思。

21. 问： 异形挑檐怎样编辑自定义钢筋，绘制好图形后如何标注尺寸？

答： 异形挑檐软件不会自动计算出钢筋尺寸和根数，必须手工计算出来在其他钢筋中编辑。

22. 问： 钢筋翻样中桩承台三角形钢筋弯钩怎样绘制？

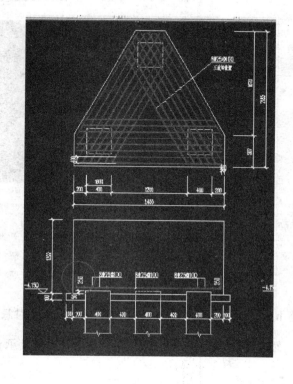

答：可以在工程中的计算设置中设置，也可以在新建桩承台时定义界面中的计算设置中设置，如果已画上了图时可以在属性中计算设置里设置。计算设置中的单边加强筋弯折中输入需要的弯折长度。

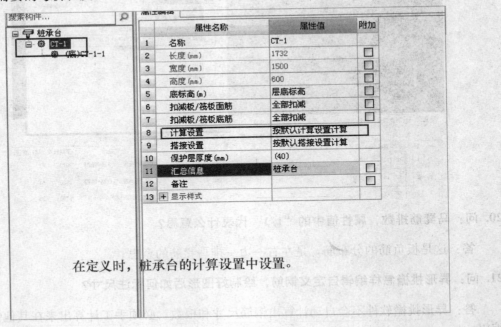

在定义时，桩承台的计算设置中设置。

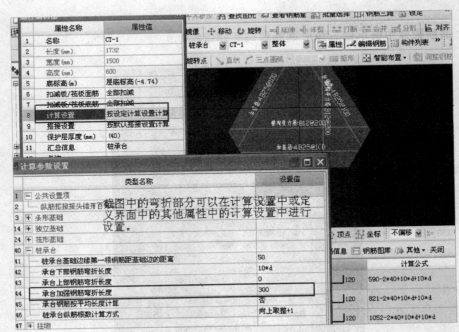

截图中的弯折部分可以在计算设置中或定义界面中的其他属性中的计算设置中进行设置。

23. 问：承台截面配筋 h：550　B：X C16@150/　Y：C16@150 时怎样定义？

答：先定义承台，然后定义承台单元，按图中长度和宽度定义承台单元的长和宽，高度为550mm，短形桩承台，配筋形式选板式配筋。该承台的钢筋栏中纵向和横向受力钢筋栏分别输入C16@150即可。

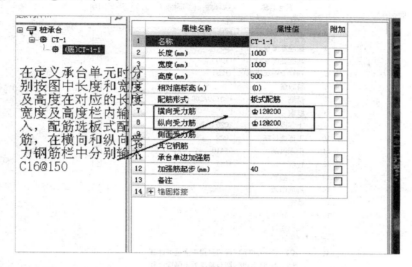

在定义承台单元时分别按图中长度和宽度及高度在对应的长度宽度及高度栏内输入，配筋选板式配筋，在横向和纵向受力钢筋栏中分别输入C16@150

24. 问：在GFY2012软件里，设置的锚固值是35d，为什么面筋按照这个锚固值计算，而底筋没有按照这个值计算？

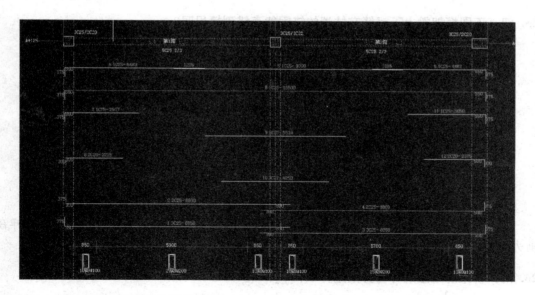

答：截图中上部钢筋的搭接长度1225mm，是按$1.4L_{aE}$计算来的，其中$L_{aE}=35d$，而下部钢筋的锚固长度$L_{aE}=32d$，其主要原因是框架柱的混凝土强度等级和框架梁的混凝土强度等级不同，而软件默认的框架梁上下纵筋的锚固长度按节点区强度计算，即按支座混凝土强度计算，而上部钢筋的搭接长度是按框架梁自身的混凝土强度计算的，因此该框架梁上下钢筋的锚固长度就不一样了。

处理方法：在框架梁的属性里，把节点区锚固选择为"按自身的混凝土强度计算"，这样汇总计算后，框架梁上下纵筋的锚固就一样了。

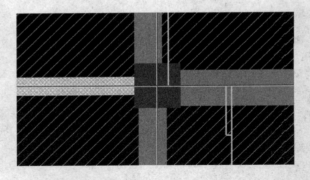

	属性名称	属性值	附加
1	名称	KL1(1)	
2	类别	楼层框架梁	☐
3	截面宽度(mm)	250	☐
4	截面高度(mm)	1100	☐
5	轴线距梁左边线距	(125)	☐
6	跨数量	1	☐
7	箍筋	A8@100/200(2)	☐
8	肢数	2	
9	上部通长筋	2C20	☐
10	下部通长筋	3C22	☐
11	侧面纵筋	G8A10	☐
12	拉筋	(A6)	☐
13	其它箍筋		
14	箍筋增减		
15	备注		☐
16 ⊞	其它属性		
25 ⊞	锚固搭接		
40 ⊟	节点锚固		
41	HPB235(A),HPB3	取自身混凝土强度计算	
42	HRB335(B),HRBF	取自身混凝土强度计算	
43	HRB400(C),HRBF	取自身混凝土强度计算 ▼	
44	HRB500(E),HRBF	取节点区混凝土强度计算 / 取自身混凝土强度计算	

25. 问：下图框架梁上下钢筋在柱端的锚固能直锚到墙里吗？

答：布置剪力墙时把剪力墙布置到端柱的对边，然后设置剪力墙为梁的支座，这样在剪力墙宽度范围内的梁纵筋就可以直锚到剪力墙里了。

26. 问：桥梁混凝土的计算方法是什么？

答：按体积方量计量，不扣除钢筋含量，计量说明里有计算规则。具体计算方法要根据单体的形状，按体积写计算式即可。

27. 问：桩基承台只给了柱表、平面图和剖面图，没有钢筋图，用软件该怎样翻样？

答：承台柱表里除了承台的截面尺寸外还应该有承台的配筋，首先要通过承台表中的信息判断该承台属于什么形状的以及它的配筋形式，然后再去定义，定义好了根据承台平面图布置承台图元，最后汇总计算即可。

28. 问：本工程用 11G101 图集设计，基础梁抗震为二级，C30 混凝土，用 HRB400 级钢筋，直径 25mm，如何设置楼层钢筋缺省值？

答：当工程选择了对应计算规则后，软件就会按对应的混凝土强度等级构件来内置的默认计算设置进行计算，不需要再设置，当工程实际与软件中默认的设置不同时，才需要修改。

29. 问：某独立基础 300/200 指什么高度？基础小截面的宽和长（参数设置中的 a1 和 b1）是多少呢？

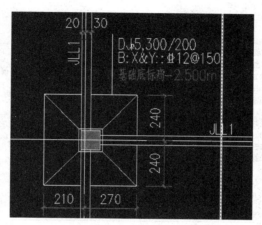

答：该独立基础 300/200 指的是从低到高的高度。参数设置中的 a1 和 b1 分别是框架柱的长和宽的尺寸。

30. 问：下图混凝土条基钢筋信息怎样输入？

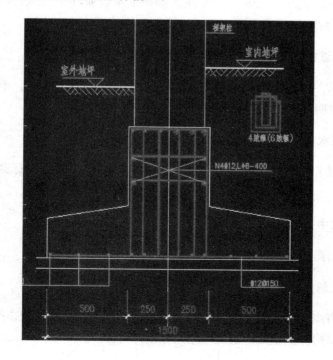

答：分别用条形基础和基础梁来定义，先布置条基，然后布置基础梁，另外在计算设置里设置一下基础梁与条基重叠部位不设置分布筋，如下图所示。

31. 问：桩承台用广联达翻样软件怎样处理才可以得出准确的开料单？

答：作为钢筋翻样软件是可以得出准确料单的。例如某承台高度在图集上是800mm，可以设置桩承台的高度为750mm，需要注意必须把承台属性里的承台底标高也相应调高0.05m，以保证承台的顶标高正确，这样计算上部构件时才不会出错。

32. 问：桩的超声波检测费包含在定额中的材料检测费里面吗？

答：桩的试压、检测都应由第三方完成，由建设单位参与选定。不包含在定额费用中，可以从章节说明，工作内容中查找。

33. 问：怎样根据水准仪的测量值计算出挖土深度？

答：如果知道了测量值，又知道基准点，并知道基础在图纸的标高，可求出挖土方深度。

34. 问：条形基础中等高砖大放脚的高度指什么？

答：大放脚的高度是指砌体底部开始至标准墙厚部位的距离。

35. 问：楼梯的配筋怎样布置？

答：楼梯的斜步板在软件里用单构件输入，选择相同类型的斜板。平台板和楼梯梁可以在楼层的板和梁构件里定义，定义时输入标高即可。

36. 问：人工挖孔桩钢筋怎样计算？

答： 人工挖孔桩钢筋按照设计图计算工程量，套用现浇混凝土钢筋定额子目项。

37. 问：在基础中，怎么识别承台？如底板筋，柱筋。

答： 广联达钢筋软件"识别承台"，只能识别承台的水平截面形状与承台位置，不能识别承台配筋、厚度。也就是说，软件提供的识别承台功能，只是用于绘制承台，无法做到"识别梁"那样的程度。常规处理方法：先定义承台构件，再识别绘制。

38. 问：地下室箍筋四级钢并带 R 如何设置？

答： 直接按 D 输入，如图所示。

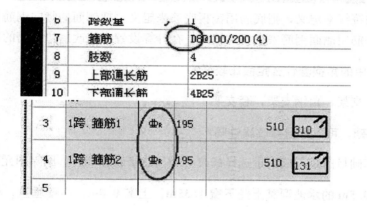

39. 问：整体地面面层和块料地面面层工程量计算有何区别？

答： 整体面层、找平层的工程量按主墙间净空面积计算。应扣除凸出地面构筑物、设备基础、室内管道、地沟等所占的面积，不扣除柱、垛、间壁墙、附墙烟囱及面积在 0.3m² 以内的孔洞所占面积，但门洞、空圈、暖气包槽、壁龛的开口部分也不增加。块料面层，按设计图所示尺寸实铺面积计算，门洞、空圈、暖气包槽和壁龛的开口部分的工程量按实际计算，并入相应的面层工程量之内。

40. 问：人工挖孔桩混凝土井口比桩顶高，护壁和桩芯怎样扣减？井口比桩顶低，护壁和桩芯怎样扣减？

答： 井口比桩顶高，护壁按照井口标高计算，桩芯按桩顶标高计算。井口比桩顶低，计算方法一样。模板计算量套定额人工挖孔桩护壁工程量子目（按挖土方量），包含模板含量。桩芯工程量单独套桩芯混凝土（广东省定额）。

41. 问：基础层电梯凹槽怎样绘制？

答： 电梯坑也是筏板的组成部分，就是筏板向下降低形成的，没有筏板是无法计算电梯坑钢筋的，画了筏板，再用集水坑定义电梯坑就可以计算钢筋工程量。

42. 问：下图承台的 B12@200 竖向钢筋如何布置？

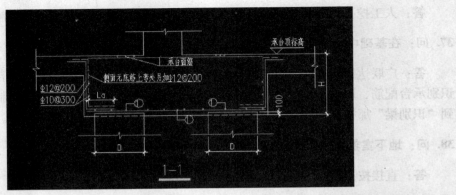

答：建议用筏板来定义，把底筋用筏板底筋来定义，把侧面的竖向钢筋用封边钢筋来定义，侧面水平筋用侧面钢筋来定义并输入。在计算设置中修改封边钢筋的弯折长度。

43. 问：电缆沟中的角钢套什么定额比较好？

答：应该是支架，角钢支架，套支架子目。

44. 问：独立基础，可以批量修改属性吗？

答：独立基础目前是不能批量选择修改的，只能修改属性后，删除图元再重新画图。

45. 问：半径 60.5m 的水池混凝土壁下宽 1.35m，上宽 0.8m，内壁垂直，外壁斜面，高 20m，要如何定义？

答：目前软件还不能处理这种渐变截面的剪力墙，可以定义一个墙厚 1075mm 的剪力墙，钢筋的属性按图纸输入，布置时选择圆。高度 20m 在楼层设置里设置层高 20m 即可。

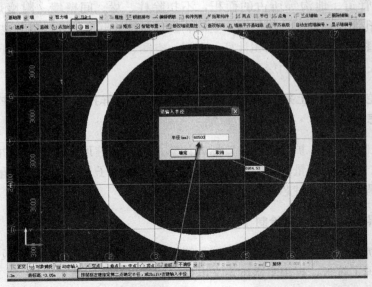

46. 问：桩基承台筏板基础中的 JZL 应以哪个构件为支座绘制？

答： 其实基础梁是没有支座的，基础梁是为柱提供支座的，当基础梁受力时，有柱的地方就变成了基础梁的反支座了。

47. 问：独立基础的地梁中非框架梁 DL 是否按楼层次梁进行放样？

答： 独立基础里的 DL 应该是用基础梁来定义，不可以用非框架梁来定义。如果在基础以上可以用地框梁定义，做法同框架梁。

48. 问：错层怎样建立楼层？

答： 可以按层高不同，分成几个区域分别建立楼层。

49. 问：桩承台的属性中定义无法更改是怎么回事？

答： 把需要更改的承台（包括独立基础），删除后，重新布置。

50. 问：据图预算中，砖基础怎样计算？

答： 砖基础的计算不能只依照首层的墙长度，应当也参照基础平面图中的数据，因为许多部位的基础是要拉通砌筑，到首层后才收缩为墙的长度尺寸的。

51. 问：2.3 桩承台钢筋怎样设置？

答： 在新建承台后，添加参数化承台单元。三桩承台一般都是三边配筋，需要用单边加强筋处理。

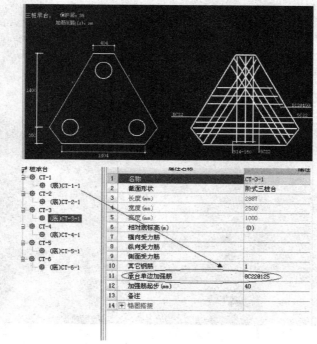

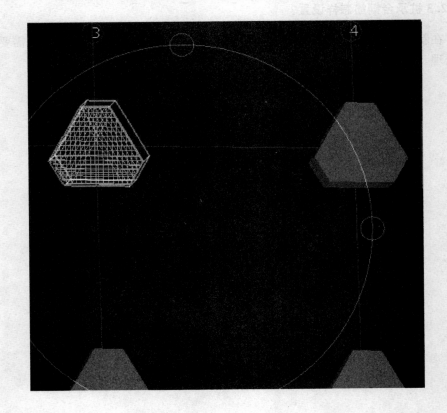

52. 问：下图中电梯基坑的钢筋布置正确吗？

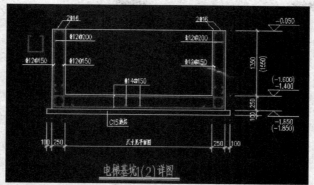

电梯基坑1(2)详图

答： 从图纸最左边的钢筋形状来看，应该是坑壁的外侧纵筋与坑底板的底筋是一个 U 字形的整体钢筋，但图中坑底板筋和坑壁外侧纵筋规格不一样，这是设计有误，与设计沟通一下以便解决。坑壁内侧纵筋弯锚于坑底板上，坑底板上部筋弯折向上与坑壁互锚，这些都是对的。

53. 问：与甲方核对马凳筋的依据是什么？

答： 马凳筋计算的依据是经甲方审批后的施工方案里的做法。

54. 问：什么是双分平行楼梯？

答： 此种楼梯由于上完一层楼刚好回到原起步方位，与楼梯上升的空间回转往复性吻合，当上下多层楼面时，比直跑楼梯节约交通面积并缩短人流行走距离，是最常用的楼梯形式之一。

55. 问：楼层的构件全部计算完后怎样将排布图输出以便打印呢？

答： 不需要输出的，在绘图界面点击"钢筋排布"——钢筋排布图界面点击"打印钢筋排布图"——左键框选打印的区域——右键打印——打印界面再右键——打印即可。

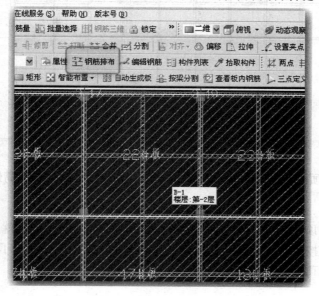

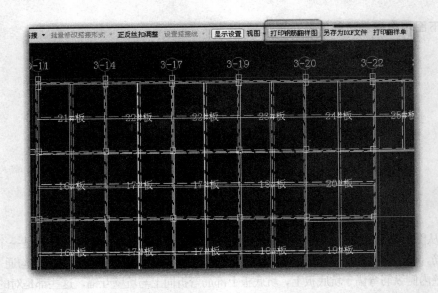

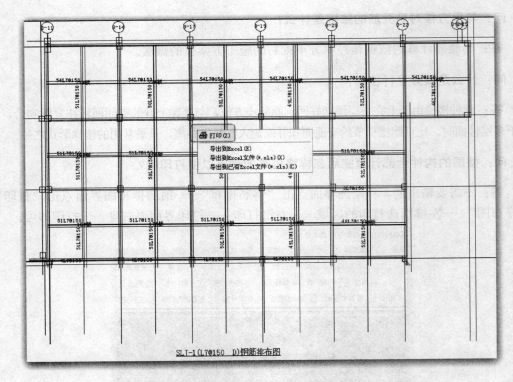

SLJ-1(L7@150 D)钢筋排布图

56. 问：基础承台顶面－1.2m，那么柱的非连接区是按六分之一净高还是三分之一净高算呢？

　　答：基础承台顶面－1.2m，说明该工程没有地下室，嵌固部位就是基础顶面，那么柱的非连接区就是按三分之一净高算。如果有地下室的情况就不一样了，要看设计是把嵌固部位设置在基础顶面还是上部结构的顶面。

57. 问： 下图基坑在翻样软件中怎样绘制？

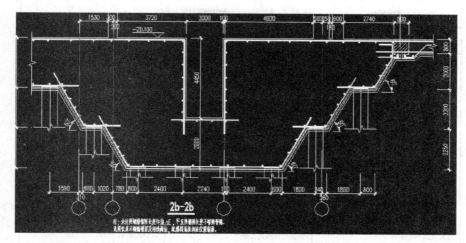

答： 可以用筏板布置，分两种不同厚度的筏板，并设置筏板边坡，再布置集水坑。

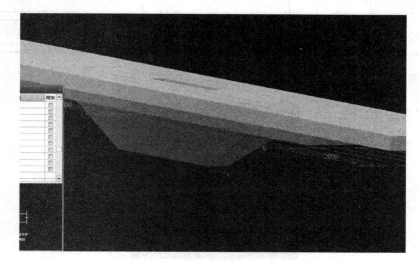

58. 问： 基础筏板中的马凳筋钢筋型号和间距怎样确定？它与楼板中的马凳筋有区别吗？

答： 由于基础筏板的钢筋都是比较大的，所以马凳筋不适宜选用Ⅰ型，要在Ⅱ型和Ⅲ型中选择。间距如果图纸没有说明的话，一般是 1200～1500mm，具体要看筏板的上部钢筋大小，总之要保证上部钢筋在有重力的情况下不得下陷。楼板中的马凳筋一般情况下是选择Ⅰ型，因为制作较为方便，间距一般为 1000mm×1000mm。

59. 问： 钢筋算量中 AT、BT、CT、DT、ET、FT、HT、GT、JT、KT、LT 这几种楼梯的区别是什么？

答： AT、BT、CT、DT、ET、FT、HT、GT 、JT、KT 、LT 代表楼梯的各种形式，配筋各不相同，具体配筋见国标图集 03G101-2。

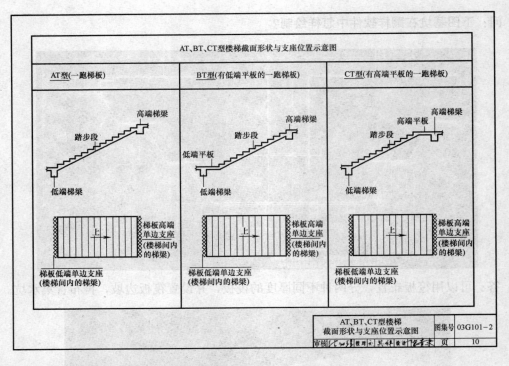

AT、BT、CT型楼梯截面形状与支座位置示意图		
AT型(一跑梯板)	BT型(有低端平板的一跑梯板)	CT型(有高端平板的一跑梯板)

	图集号	03G101-2
AT、BT、CT型楼梯 截面形状与支座位置示意图	页	10

60. 问：下图集水坑东西向不放坡，南北向放坡，如何处理？

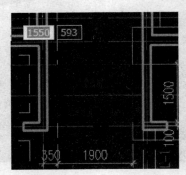

答：选择放坡边放坡即可，选择某个边。如下图所示。

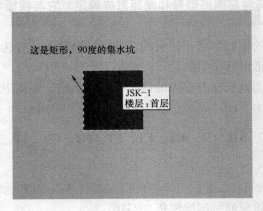

这是矩形，90度的集水坑

JSK-1
楼层：首层

广联达GFY2012钢筋翻样软件应用问答

61. 问：软件中桩承台上部钢筋弯折长度默认为 0，可以修改吗?

答： 可以在工程设置中输入设计要求的弯折值。

62. 问：独立基础遇型钢截断怎样定义?

答： 独立基础遇型钢截断可以用单构件输入，或绘制独立基础柱时用其他钢筋输入。

63. 问：独立基础，砂夹石换填是独立基础下面还是需要大开挖基坑?

答： 砂夹石换填一般是用于基础下局部地基软弱时的处理，或大面积软质土层处理，具体是局部还是大面积要根据现场的实际情况和设计要求来确定。

64. 问：某基础梁 C20 混凝土，梁高 700mm，四级抗震，基础梁端部钢筋弯锚值多少?

答： 基础梁端部的做法一般都是按梁高减保护层后除以 2 得到一半的梁高为弯钩长度，有封边做法时也有按 12 (15) d 弯折的。

65. 问：独立基础平法标注怎样输入?

答： 独立基础需要添加独立基础单元后输入信息，可以一层一层地建立单元，也可以建立参数化独立基础单元计算。

66. 问：某工程的条形基础是凹形的，钢筋在上面两边一边带 20d 的弯折，在软件中应该怎样定义?

答： "凹形" 条基可以用筏板来做，弯折 20d 直接在筏板主筋属性里输入，如下图所示。

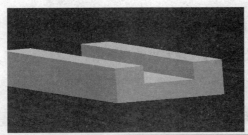

	属性名称	属性值	附加
1	名称	FBZJ-2	
2	类别	底筋	☐
3	钢筋信息	C18@200	☐
4	左弯折(mm)	20*D	☐
5	右弯折(mm)	20*D	☐
6	钢筋锚固	(41)	
7	钢筋搭接	(50)	
8	归类名称	(FBZJ-2)	☐
9	汇总信息	筏板主筋	☐
10	计算设置	按默认计算设置计算	
11	节点设置	按默认节点设置计算	
12	搭接设置	按默认搭接设置计算	
13	长度调整(mm)		☐
14	备注		☐

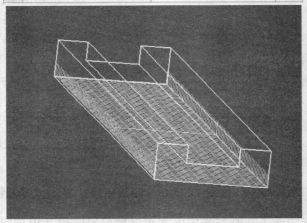

67. 问：在基础梁箍筋中"18C10@150/200（4）"代表什么意思？

答："18C10@150/200（4）"就是表示基础梁该跨支座两端各有 18 个加密箍筋，箍筋规定间距为 C10@150，4 肢箍，非加密区箍筋规格间距为 C10@200，也是 4 肢箍。如果此标注是在基础梁的集中标注里，那么该基础梁每跨都要按此要求做。

68. 问：为什么有的工程计算结果上部通长筋是贯通的，有的工程上部通长筋却是断开的，支座负筋没有变化？

答：上部通长筋不能贯通的原因应该是在局部的原位标注的支座负筋处没有贯通筋的钢筋信息，导致贯通筋没有通长布置。点开原位标注可以查看。

69. 问：地面上三个单体，但地下车库相连，建模时是按三个单体构建的，怎样能把地下部分连成一体？

答：需要一个完整的轴网，将各单体定位在这个完整的轴网上后再合并工程即可。

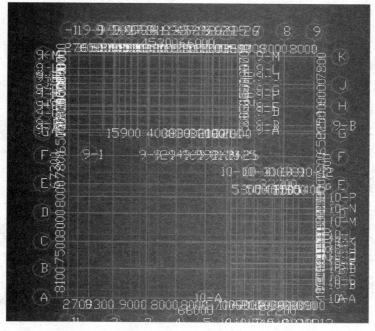

70. 问：基础部分如何确定哪个方向的基础梁在相交处布满箍筋？

答：没有明确规定，一般按长向的满布即可。

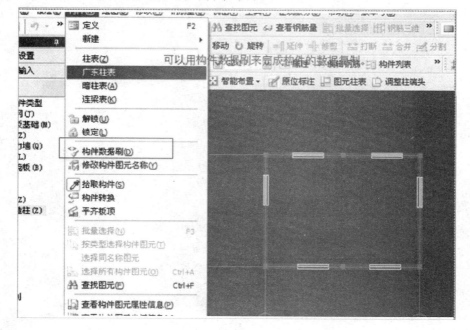

第 8 章

单构件输入

1. 问：单构件输入法是什么意思？

　　答： 单构件输入就是在图形中没有办法画出来的构件，或是用画图比较麻烦的构件，如雨篷、楼梯等可以用单构件输入进行计算。

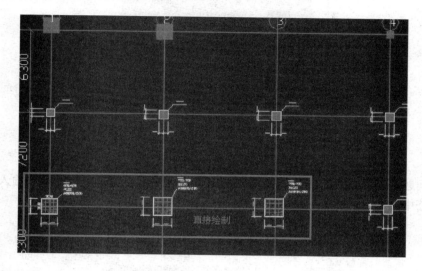

2. 问：下图的线条有几种方法可以计算？

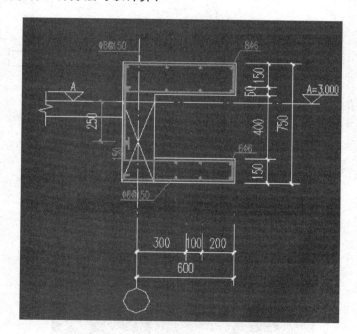

　　答： 可以用异形构件绘制，也可以用单构件输入。

3. 问：单构件输入法进入界面后，构件形状从哪里查找？

　　答： 点击图号旁边的空白处，会弹出来图形，供选择。

4. 问：地下室顶板里面的底部附加钢筋单构件怎样输入？

答：问题中的附加筋是洞口的加筋，在定义板洞时的长跨、短跨加筋中输入，也可以在其他钢筋中输入。

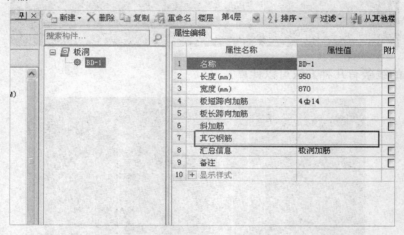

5. 问：下图 A8@200 的那根钢筋该如何处理？

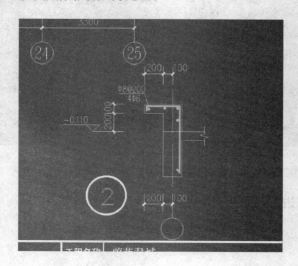

广联达GFY2012钢筋翻样软件应用问答

答： 上返部分可以用栏板或者挑檐来画图，钢筋在其他钢筋里定义，也可以在单构件里输入。

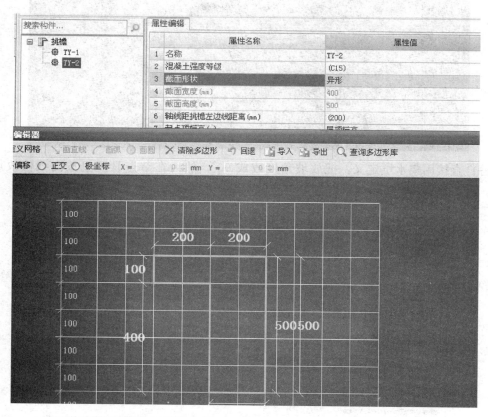

6. 问： 下图积水坑在软件中怎样定义？

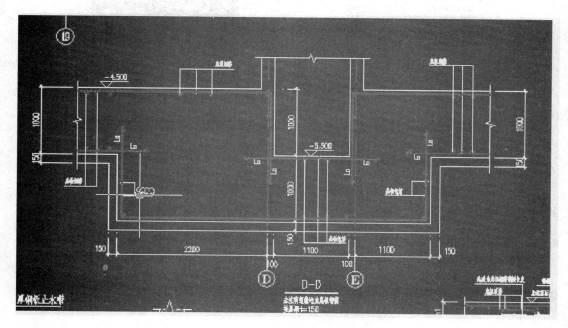

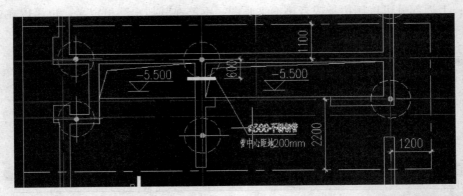

答：直接用集水坑定义，把放坡角度改成 90°，然后在节点设置里按图纸修改尺寸即可。

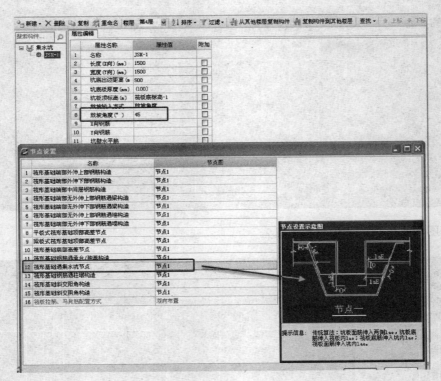

7. 问：在钢筋软件中预制板的钢筋怎么布置？

答：可以直接定义预制板构件画图，在做法里选择工程量代码数量 * 图集里相应规格的预制板钢筋含量。

8. 问：钢筋进行单构件输入时，参数选择的标准图集里为什么没有"桩"选项？

答：单构件输入里是没有"桩"这一项，可以直接在绘图界面用桩来定义，钢筋在其他钢筋里编辑，系统图库里有圆箍也有螺旋箍，可以根据需要选择。

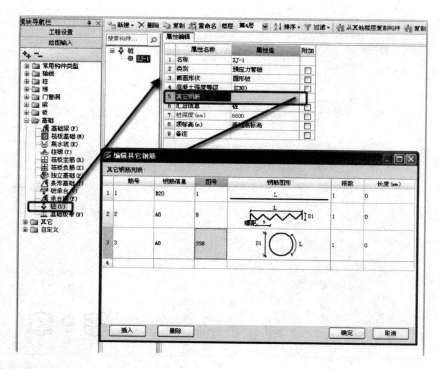

9. 问：预制桩的钢筋在单构件里怎样输入？

　　答： 现浇桩和预制桩的钢筋形状是相似的，可以在图号里编辑。

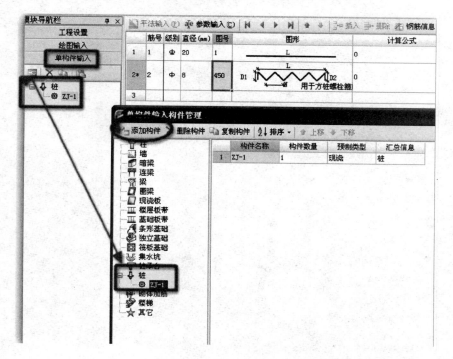

第 9 章

CAD 导入

1. 问：CAD 识别柱大样后不正确，如何一次删除大样表？

    答： 在柱子定义界面，找到所要删除的构件删除即可。

2. 问：导图时，负筋导图成功，但是检查时，出现负筋布筋范围重复，如何处理？

    答： 可以按照提示进行修改，说明识别的时候范围出现错误，修改即可。

3. 问：钢筋施工下料软件做出的工程不能导入图形算量中是什么原因？

    答： GFY2012 可以导入 GGJ2009 的工程，也可以导入 GCL2008 的工程，但反向导入是不可以的。

4. 问：CAD 导图时每层的轴网不在同一位置是怎么回事？

    答： 在首层导入柱的 CAD 图后，要进行"定位 CAD 图"的操作，使导入的图和已识别的轴网完全重合，这样识别的柱才能在它所在的轴线上。

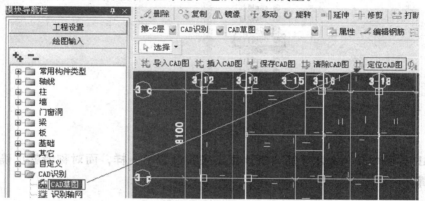

5. 问：CAD 图纸标注在布局中而不在模型中，导入后只能看到模型中的线条，看不到布局中的标注是怎么回事？

    答： 打开布局即可，如下图所示。

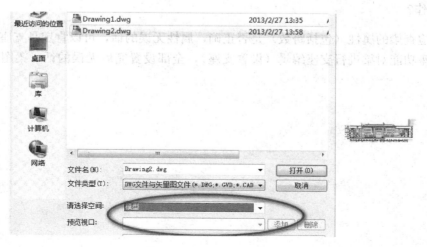

6. 问：为什么 CAD 识别时，无论如何进行设置，对中间支座的负筋提取长度时，都提取了支座的截面宽度？

答：负筋识别提取的是负筋的标注长度，而标注的长度范围取决于怎样设置，如果含支座，计算时就不加支座宽，如果不含支座，计算时就加上支座宽。

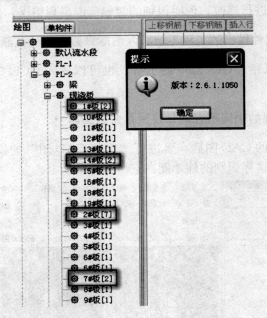

7. 问：CAD 导图中转角墙水平筋弯折计算出来和设置不一样，而对称墙就正确，是怎么回事？

答：对称墙正确证明设置正确，解决的办法是把不对的墙删除，把对称的墙复制或镜像到删除的那个墙位置。需要注意的是复制或镜像前先计算好，完成后需要锁定。

8. 问：CAD 识别梁时提示出错为"提示跨数为 1，属性标注为 10"，这种情况下该如何操作？

答：检查梁的属性（包括跨数）是否正确，属性无误的话，可以肯定是支座少了，通过查改支座功能对梁进行支座编辑（设置支座），全部设置完后无误的话，梁图元会变成粉色。

第 10 章

报表及其他

1. 问：软件中的报表格式能修改吗？

答：翻样软件的报表页面只有这几种功能，没有修改报表格式的功能。

2. 问：用专业版钢筋施工翻样软件翻样出来的梁下部钢筋有几跨长度是完全相同的，可是料单却是各跨分开的，是怎么回事？

答：钢筋翻样软件 GFY2012 有好多版本，其中 998.1050 及现在最新的 1432 版本都有自动合并梁底筋和架立筋的功能，如果使用的是 888 以下的版本就没有这个功能了，该功能是软件内置的，没有地方可以设置的。

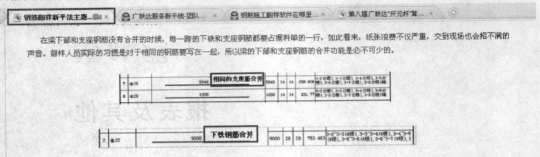

3. 问：在板排布图界面，"设置搭接线"为什么是灰色的，无法操作？

答：在板筋排布图里，软件默认的是合并显示，只有点击了逐一显示后，才可以操作"设置搭接线"功能。如下图所示。

4. 问： 2005 年建筑工程消耗量定额，建筑垃圾是否按 5cm 计算，若没有外运能否计算？

答： 建筑垃圾已包含在 2005 年建筑工程消耗量定额费用内，不单独计算。

5. 问： 服务新干线上不选第三级分类不能使用吗？

答： 应当全部选择后才可以使用。

6. 问： 柱子和梁不在同一张图纸上，识别梁汇总后软件提示要把墙和柱子绘制到梁图上是怎么回事？

答： 这个提示仅是提醒作用，如果已经画好了柱和墙，直接点击确定即可，因为梁必须要有柱或者墙作为支座的。

7. 问： 钢筋翻样软件，计算出来的长度怎样考虑钢筋弯曲量度差值？

答： 钢筋翻样软件默认的做法是不考虑钢筋弯曲量度差值的，可以在设置里定义一下这个值。

钢筋弯曲调整值表

钢筋成型角度（°）	30	45	60	90	135	180
钢筋调整值	0.35d	0.5d	0.75d	1.75d	2.5d	6.25d

注：d 为钢筋直径。

8. 问： 流水段分好后汇总时出现默认流水段量是怎么回事？

答： 只要有一个构件图元在所设置的流水段外边，或者同一个构件图元既在流水段Ⅰ里又在流水段Ⅱ里，软件汇总时就会出现默认流水段量。

9. 问： 怎样在绘图区添加注意提示？

答： 可以用以下几种方法：（1）在【工具】-【记事本】文档中做一些记录，这里面可以附图或文字说明；（2）在图元属性中【备注】栏中可以加一些注意提示信息；（3）在绘图界面用辅轴添加说明，但这样标示多了，在界面上会显示很乱；（4）可以用修改图元的颜色（比如说把需要注意的柱修改为红色），然后在备注中写提示信息。

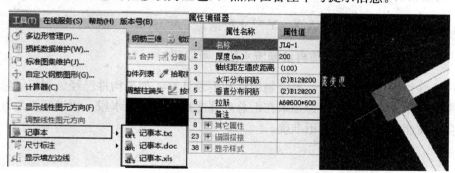

10. 问：钢筋下料单如何分单元打印？

答：可以按单元设置流水段，也可以在"设置施工报表范围"里设置，即勾选一个单元里的构件，这种方法要对着图纸一个一个构件来选，有些繁琐，还是设置流水段方便些。

11. 问：钢筋料单的伸长率，在哪里修改？

答：如图所示。

12. 问：钢筋公式修改、锁定、汇总计算后，想恢复原来的计算公式，如何操作？

答：直接点击解锁构件，再重新汇总即可。

13. 问：计算完成后，出现内存溢出，点击报表时，出现报表引擎失败怎样处理？

答：关闭算量软件，关闭所有正在运行的程序。重启广联达软件，重新汇总计算。注意，重新汇总计算时，选择分楼层多次汇总。如：先汇总第 3 层以下楼层，再汇总 4、5、6 层，再汇总 7、8、9 层……，依次类推。分楼层多次汇总的结果，与一次性全部汇总完全一致。最新版广联达算量软件，基本上解决了"内存溢出"的问题，更换成最新版本的算量软件，是最好的解决办法。用最新版图形算量软件进行汇总时，把"多线程……"勾选上即可。

14. 问：在绘图时如何精确地捕捉到一个点，除了使用"F4 键"和"Shift＋左键"外还有更快的方式吗？

答：还可以使用正交，输入 X、Y 尺寸数据。

15. 问：布置完构件汇总计算前再绘制流水段，可以吗？

答：最好是先布置流水段，再绘制构件和汇总计算，如果构件已经绘制好了，那要在汇总计算之前布置流水段，因为如果在汇总计算之后再布置流水段，再进行汇总计算，有些数据会丢失而导致计算结果不准确。

广联达GFY2012钢筋翻样软件应用问答